개념을 다지고
실력을 키우는

왕수학

기본편

1-2

구성과 특징

▌왕수학의 특징

1. **왕수학 개념+연산** → **왕수학 기본** → **왕수학 실력** → **점프 왕수학 최상위** 순으로
   단계별·난이도별 학습이 가능합니다.

2. 개정교육과정 **100%** 반영하였습니다.

3. 기본 개념 정리와 개념을 익히는 기본문제를 수록하였습니다.

4. 문제 해결력을 키우는 다양한 창의사고력 문제를 수록하였습니다.

5. 논리력 향상을 위한 서술형 문제를 강화하였습니다.

STEP **1**

STEP **2**

STEP **3**

STEP **4**

실력팍팍

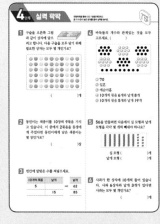

기본유형(유형콕콕)문제
보다 좀 더 높은 수준의
문제를 풀며 실력을
키웁니다.

유형콕콕

시험에 나올 수 있는
문제를 유형별로 풀어
보면서 문제해결력을
키웁니다.

핵심쏙쏙

기본 개념을 익힌 후
교과서와 익힘책 수준의
문제를 풀어보면서
개념을 다집니다.

개념탄탄

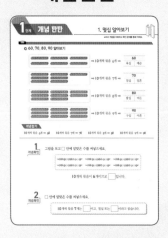

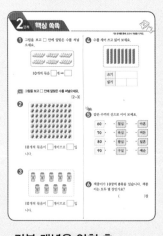

교과서 개념과 원리를 각각의
주제로 익히고 개념확인 문제를
풀어보면서 개념을 정확히 이해
합니다.

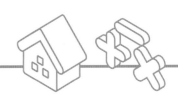

STEP 8

왕수학 실력

STEP 7

탐구 수학

단원의 주제와 관련된 탐구
활동과 문제해결력을 기르는
문제를 제시하여 학습한 내용
을 좀더 다양하고 깊게 생각해
볼 수 있게 합니다.

STEP 6

놀이수학

수학을 공부한다는 느낌이
아니라 놀이처럼 즐기는 가
운데 자연스럽게 수학 학습
이 이루어지도록 합니다.

STEP 5

단원평가

단원 평가를 통해 자신의
실력을 최종 점검합니다.

서술 유형익히기

서술형 문제를 주어진 풀이
과정을 완성하여 해결하고
유사문제를 통해 스스로 연습
합니다.

차례 | Contents

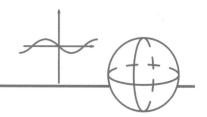

단원 1 100까지의 수

이번에 배울 내용

1 몇십 알아보기

2 99까지의 수 알아보기

3 수를 넣어 이야기하기

4 수의 순서 알아보기

5 수의 크기 비교하기

6 짝수와 홀수 알아보기

이전에 배운 내용

- 50까지의 수 읽고 쓰기
- 50까지의 수의 순서
- 50까지의 수의 크기 비교하기

다음에 배울 내용

- 세 자리 수 읽고 쓰기
- 세 자리 수의 크기 비교하기

☾ 60, 70, 80, 90 알아보기

➡ 10개씩 묶음 6개 ➡

60	
육십	예순

➡ 10개씩 묶음 7개 ➡

70	
칠십	일흔

➡ 10개씩 묶음 8개 ➡

80	
팔십	여든

➡ 10개씩 묶음 9개 ➡

90	
구십	아흔

개념잡기

10개씩 묶음 6개 ➡ 60   10개씩 묶음 7개 ➡ 70   10개씩 묶음 8개 ➡ 80   10개씩 묶음 9개 ➡ 90

---

1 개념확인 그림을 보고 □ 안에 알맞은 수를 써넣으세요.

10개씩 묶음이 6개이므로 □ 입니다.

2 개념확인 □ 안에 알맞은 수를 써넣으세요.

10개씩 묶음 7개는 □ 이고, 칠십 또는 □ 이라고 읽습니다.

기본 문제를 통해 교과서 개념을 다져요.

1 그림을 보고 □ 안에 알맞은 수를 써넣으세요.

10개씩 묶음 □개 ➡ □

4 수를 세어 쓰고 읽어 보세요.

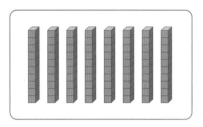

쓰기		
읽기		

단원 1

그림을 보고 □ 안에 알맞은 수를 써넣으세요.

[2~3]

2

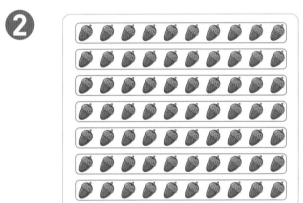

10개씩 묶음이 □개이므로 □입니다.

※중요

5 같은 수끼리 선으로 이어 보세요.

60 ·	· 칠십 ·	· 아흔
70 ·	· 육십 ·	· 여든
80 ·	· 팔십 ·	· 일흔
90 ·	· 구십 ·	· 예순

3

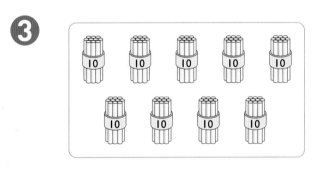

10개씩 묶음이 □개이므로 □입니다.

6 색종이가 10장씩 8묶음 있습니다. 색종이는 모두 몇 장인가요?

( )장

◯ 99까지의 수 알아보기

10개씩 묶음	낱개
6	7

➡ **67**(육십칠, 예순일곱)

- 10개씩 묶음 **6**개와 낱개 **7**개를 **67**이라고 합니다.
- **67**은 육십칠 또는 예순일곱이라고 읽습니다.

개념잡기

- 10개씩 묶음 ■개와 낱개 ▲개 ➡ ■▲
- 10개씩 묶음의 수를 먼저 쓰고, 낱개의 수를 씁니다.

주의 67을 '육십일곱', 예순칠'이라고 읽지 않도록 주의합니다.

---

1 개념확인

그림을 보고 □ 안에 알맞은 수를 써넣으세요.

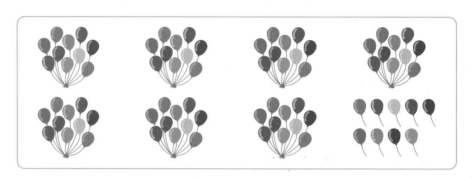

10개씩 묶음 **7**개와 낱개 **9**개이므로 □입니다.

2 개념확인

그림을 보고 □ 안에 알맞은 수를 써넣으세요.

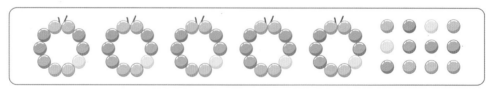

낱개로 있는 구슬을 10개씩 묶으면 구슬은 모두 10개씩 묶음 6개와 낱개 □개이므로 □개입니다.

1 빈칸에 알맞은 수를 써넣으세요.

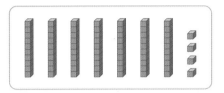

십 모형	낱개 모형

↓

□

중요

2 □ 안에 알맞은 수를 써넣으세요.

(1) **10**개씩 묶음 **9**개와 낱개 **2**개는
□ 입니다.

(2) **66**은 **10**개씩 묶음 □개와 낱개
□개입니다.

3 보기와 같이 수를 읽어 보세요.

보기

81 ➡ (팔십일, 여든하나)

(1) **62** ➡ (,   )

(2) **77** ➡ (,   )

4 수를 바르게 나타낸 것에 ○ 하세요.

(1) 예순아홉

(**67**, **96**, **69**)

(2) 칠십육

(**76**, **67**, **86**)

5 사탕의 수를 옳게 말한 사람은 누구인
가요?

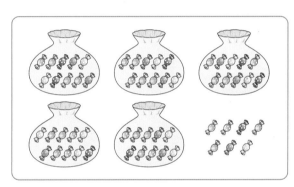

석기 : 사탕이 쉰일곱 개 있습니다.
동민 : 사탕이 일흔다섯 개 있습니다.

(   )

6 달걀은 모두 몇 개인지 세어 보세요.

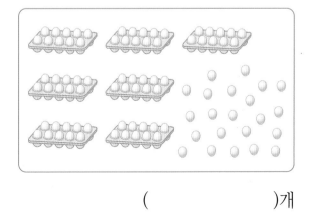

(   )개

◯ 주어진 낱말과 수를 넣어 이야기를 만들기

수학 시험, 95 ➡ 나는 어제 [수학 시험] 에서 [95점] 을 받았습니다.

사과, 25개, 2개 ➡ 어머니께서 [사과] 를 [25] 개 사 오셨는데

그중에서 [2개] 를 먹었습니다.

◯ 만든 이야기를 바르게 읽어 보기

• 나는 어제 수학 시험에서 **95**점을 받았습니다.

➡ 나는 어제 수학 시험에서 [구십오 점] 을 받았습니다.

• 어머니께서 사과를 **25**개 사 오셨는데 그중에서 **2**개를 먹었습니다.

➡ 어머니께서 사과를 [스물다섯] 개 사 오셨는데 그중에서 [두] 개를 먹었습니다.

개념잡기

수를 읽을 때는 상황에 알맞게 읽어야 합니다.

예 • **10**시 **20**분 ➡ 열 시 이십 분   • 사탕 **10**개 ➡ 사탕 열 개

1
개념확인

주어진 낱말과 수를 넣어 이야기를 만들어 보세요.

(1) 손흥민 선수, **7**번 ➡ _____

(2) 지금 시각, **12**시 **30**분 ➡ _____

2
개념확인

주어진 이야기에 있는 수를 바르게 읽어 보세요.

(1) 지혜는 **84**분 동안 동화책을 읽었습니다. ➡ ☐

(2) 유승이는 구슬을 **65**개 가지고 있습니다. ➡ ☐

1 서로 관계있는 것끼리 선으로 이어 보세요.

오십사	•	•	여든아홉
예순일곱	•	•	구십팔
팔십구	•	•	쉰넷
아흔여덟	•	•	육십칠

2 수를 넣어 바르게 말한 사람은 누구인가요?

영화 시간표	
상영 시간	영화 제목
85분	북극곰의 신비

상미 : 영화 상영 시간은 팔십오 분이야.
정수 : 영화 상영 시간은 여든다섯 분이야.

(   )

3 주어진 낱말과 수를 넣어 이야기를 만들어 보세요.

할아버지, 할머니, **72, 69**

4 다음 이야기에서 <u>잘못</u> 나타낸 부분을 찾아 바르게 고쳐 보세요.

나는 어제 수영을 마친 후 동생과 함께 팔십오 미터 떨어진 떡볶이 집에서 셋 인분의 떡볶이를 먹은 후 집에 돌아왔습니다.

5 주어진 이야기에 있는 수를 바르게 읽어 보세요.

지난 **8**월 **10**일 **11**시 **30**분에 어머니와 함께 백화점 **10**층에 있는 식당에 갔습니다. 먼저 오신 **8**분의 아주머니들이 계셔서 냉면을 주문하여 점심을 먹었습니다. 식사가 끝난 후 **10**개의 아이스크림이 후식으로 나왔습니다.

• **8**월 **10**일 ➡ (   )
• **11**시 **30**분 ➡ (   )
• **10**층 ➡ (   )
• **8**분 ➡ (   )
• **10**개 ➡ (   )

유형 1 — 몇십 알아보기

10개씩 묶음 6개 ➡ 60 (육십, 예순)
10개씩 묶음 7개 ➡ 70 (칠십, 일흔)
10개씩 묶음 8개 ➡ 80 (팔십, 여든)
10개씩 묶음 9개 ➡ 90 (구십, 아흔)

대표유형

1-1 그림을 보고 □ 안에 알맞은 수나 말을 써넣으세요.

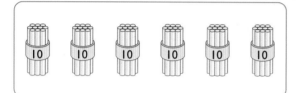

10개씩 묶음이 ☐ 개이므로 ☐ 이라 쓰고, ☐ 또는 ☐ 이라고 읽습니다.

1-2 빈칸에 알맞은 수를 써넣으세요.

(1)

70	10개씩 묶음	낱개

(2)

90	10개씩 묶음	낱개

1-3 빈칸에 알맞은 말을 써넣으세요.

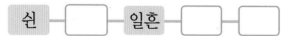

쉰 — ☐ — 일흔 — ☐ — ☐

1-4 다음을 수로 나타내 보세요.

(1) 예순 ➡ ☐   (2) 아흔 ➡ ☐

1-5 수를 세어 쓰고, 두 가지 방법으로 읽어 보세요.

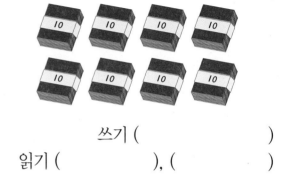

쓰기 (   )

읽기 (   ), (   )

1-6 수를 두 가지 방법으로 읽어 보세요.

(1) 70 ➡ [(   )
         ((   )

(2) 90 ➡ [(   )
         ((   )

(3) 80 ➡ [(   )
         ((   )

유형 2 — 99까지의 수 알아보기

10개씩 묶음 **7**개와 낱개 **2**개를 **72**라 하고, 칠십이 또는 일흔둘이라고 읽습니다.

10개씩 묶음	낱개
7	2

➡ **72** (칠십이, 일흔둘)

대표유형

2-1 빈칸에 알맞은 수를 써넣으세요.

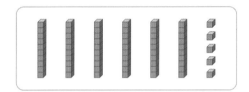

10개씩 묶음	낱개	➡ □

2-2 밑줄 친 숫자가 나타내는 수를 써보세요.

(1) **67**

(2) **85**

2-3 □ 안에 알맞은 수를 써넣으세요.

(1) 10개씩 묶음 **7**개와 낱개 **4**개이면 □입니다.

(2) **86**은 10개씩 묶음이 □개이고 낱개가 □개입니다.

2-4 같은 수끼리 이어 보세요.

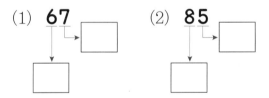

예순일곱 •	• 74 •	• 칠십사
일흔넷 •	• 67 •	• 구십팔
여든아홉 •	• 98 •	• 육십칠
아흔여덟 •	• 89 •	• 팔십구

2-5 다음을 수로 나타내 보세요.

(1) 칠십팔 ➡ (   )

(2) 구십사 ➡ (   )

(3) 여든여섯 ➡ (   )

(4) 예순여덟 ➡ (   )

2-6 당근이 10개씩 8묶음과 낱개로 9개 있습니다. 당근은 모두 몇 개인가요?

(   )개

2-7 같은 수를 모두 찾아 ○ 하세요.

| 육십구 | 89 | 예순아홉 |
| 65 | 일흔다섯 | 69 |

🎓 시험에 잘 나와요

2-8 수를 바르게 읽지 <u>않은</u> 것은 어느 것인 가요? (   )

① **75** – 칠십오 – 일흔다섯
② **81** – 팔십일 – 여든하나
③ **93** – 구십셋 – 아흔삼
④ **67** – 육십칠 – 예순일곱
⑤ **78** – 칠십팔 – 일흔여덟

2-9 수 모형을 보고 관계있는 것에 모두 ○ 하세요.

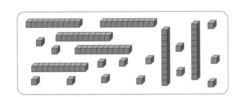

(여든넷, 팔십삼, **84**, 일흔넷)

유형 **3** 수를 넣어 이야기하기

① 알맞은 낱말과 수를 사용하여 이야기를 만들 수 있습니다.
  • 어머니께서 마트에서 사과를 **5**개 사 오셨습니다.

② 이야기 속의 수를 상황에 알맞게 읽을 수 있습니다.
  • 나는 **45**일 동안 동화책을 **13**권 읽었습 니다.
  ➡ 나는 사십오 일 동안 동화책을 열세 권 읽었습니다.

3-1 밑줄 친 수를 바르게 읽은 것에 ○표 하세요.

(1) 구슬 **75**개
  ┌ 구슬 칠십오 개 (   )
  └ 구슬 일흔다섯 개 (   )

(2) **11**시 **59**분
  ┌ 십일 시 오십구 분 (   )
  ├ 열한 시 오십구 분 (   )
  └ 열한 시 쉰아홉 분 (   )

3-2 그림을 보고 알맞은 말에 ○ 하세요.

새싹우체국은 새싹로 (구십이, 아흔둘) 에 있습니다.

3-3 주어진 수를 알맞게 써넣어 이야기를 만들어 보세요.

> 3, 4, 20, 68, 75, 97

> 지난 일요일 우리 가족 [ ]명은 [ ]번 시내버스를 타고 야구장에 갔습니다. 먼저 야구장에 도착한 [ ]명이 줄을 서 있어서 입장하는 데만 [ ]분이 걸렸습니다. 입장을 하자마자 내가 좋아하는 등 번호 [ ]번의 [ ]번 타자가 홈런을 쳐서 기분이 매우 좋았습니다.

3-4 위의 이야기를 읽어 보려고 합니다. □ 안에 알맞게 써넣으세요.

> 지난 일요일 우리 가족 [ ]명은 [ ]번 시내버스를 타고 야구장에 갔습니다. 먼저 야구장에 도착한 [ ]명이 줄을 서 있어서 입장하는 데만 [ ]분이 걸렸습니다. 입장을 하자마자 내가 좋아하는 등번호 [ ]번의 [ ]번 타자가 홈런을 쳐서 기분이 매우 좋았습니다.

3-5 **보기**에서 알맞은 말을 골라 □ 안에 써넣으세요.

> **보기**
> 육십삼, 예순셋, 예순세

(1) 지호네 학교는 생긴 지 [ ]년이 되었습니다.

(2) 지호네 할머니는 올해 [ ]살입니다.

3-6 지영이는 수를 넣어 이야기를 만들었습니다. **93**을 어떻게 읽어야 하는지 쓰세요.

> 오늘은 우리 가족은 밤 줍기 행사에서 밤을 모두 **93**개 주었습니다.

(   )

3-7 다음 이야기에서 잘못 나타낸 부분을 찾아 바르게 고쳐 보세요.

> 수영장에 남자는 육십이 명, 여자는 칠십육 명 있습니다. 간식으로 남자는 아이스크림 예순두 개, 여자는 음료수 일흔여섯 병을 각각 준비했습니다.

수의 순서 알아보기

수를 순서대로 쓸 때 바로 앞의 수는 I만큼 더 작은 수이고, 바로 뒤의 수는 I만큼 더 큰 수입니다.

- 85보다 I만큼 더 작은 수는 84이고, 85보다 I만큼 더 큰 수는 86입니다.
- 84와 86 사이에 있는 수는 85입니다.

100 알아보기

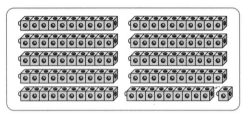

- 99보다 I만큼 더 큰 수를 100이라고 합니다.
- 100은 백이라고 읽습니다.

개념잡기

- 수를 순서대로 쓰면 오른쪽으로 갈수록 I씩 커지고 왼쪽으로 갈수록 I씩 작아집니다.

- 100 ➡ ┌ 10개씩 묶음이 10개인 수
         ├ 99보다 I만큼 더 큰 수
         └ 90보다 10만큼 더 큰 수

---

1 **개념확인** 수의 순서에 맞도록 빈 곳에 알맞은 수를 써넣으세요.

(1) 53 54 ◯

(2) ◯ 70 71

(3) 97 ◯ 99

(4) 74 75 ◯

2 **개념확인** □ 안에 알맞은 수나 말을 써넣으세요.

99보다 I만큼 더 큰 수를 □이라 하고, □이라고 읽습니다.

기본 문제를 통해 교과서 개념을 다져요.

1 순서에 맞도록 빈 곳에 알맞은 수를 써넣으세요.

(1)
53 54 ⬜ ⬜ ⬜ 58

(2)
77 ⬜ ⬜ ⬜ 81 82

(3)
68 69 70 ⬜ ⬜ ⬜

2 ⬜ 안에 알맞은 수를 써넣으세요.

(1) **62**보다 1만큼 더 큰 수는 ⬜이고,
1만큼 더 작은 수는 ⬜입니다.

(2) **99**보다 1만큼 더 큰 수는 ⬜이고,
1만큼 더 작은 수는 ⬜입니다.

3 ⬜ 안에 알맞은 수를 써넣으세요.

(1) **65**와 **67** 사이의 수는 ⬜입니다.

(2) **88**과 **90** 사이의 수는 ⬜입니다.

4 **57**부터 수를 순서대로 쓰려고 합니다. ㉠에 알맞은 수를 구하세요.

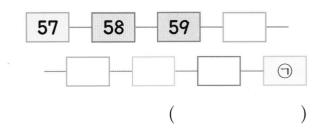

(   )

5 수를 순서대로 이어 그림을 완성하세요.

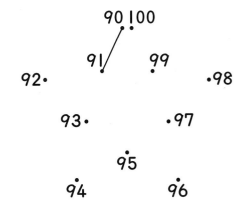

6 **80**과 **85** 사이에 있는 수를 모두 써 보세요.

(   )

수의 크기 비교하기

- 10개씩 묶음의 수가 다를 때에는 10개씩 묶음의 수가 큰 쪽이 더 큰 수입니다.

> 76은 69보다 큽니다. ➡ 76 > 69
>
> 7 > 6

- 10개씩 묶음의 수가 같을 때에는 낱개의 수가 큰 쪽이 더 큰 수입니다.

> 87은 81보다 큽니다. ➡ 87 > 81
>
> 7 > 1

- 두 수의 크기 비교 방법을 활용하여 세 수의 크기를 비교할 수 있습니다.

> 73, 69, 77 ➡ 가장 큰 수 : 77, 가장 작은 수 : 69 ➡ 77 > 73 > 69

개념잡기

- 수의 크기를 비교할 때에는 먼저 10개씩 묶음의 수를 비교하고, 10개씩 묶음의 수가 같으면 낱개의 수를 비교합니다.

---

1 개념확인   그림을 보고 알맞은 말에 ○ 하세요.

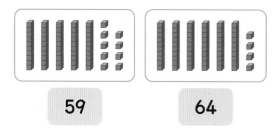

59   64

59는 64보다 (큽니다 , 작습니다).

64는 59보다 (큽니다 , 작습니다).

2 개념확인   그림을 보고 두 수의 크기를 비교하여 ○ 안에 >, <를 알맞게 써넣으세요.

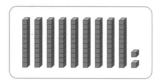 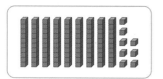

92 ◯ 98

기본 문제를 통해 교과서 개념을 다져요.

1 두 수의 크기를 비교해 보세요.

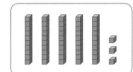 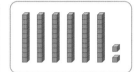

53 ◯ 62

53은 **62**보다 (큽니다 , 작습니다).

2 보기 와 같이 읽어 보세요.

> 보기
> **75<87** ➡ **75**는 **87**보다 작습니다.

84>61 ➡ (   )

3 다음을 >, <를 사용하여 나타내세요.

(1) **86**은 **68**보다 큽니다.

   ➡ (   )

(2) **95**는 **99**보다 작습니다.

   ➡ (   )

4 ◯ 안에 >, <를 알맞게 써넣으세요.

(1) **62** ◯ **73**

    6 ◯ 7

(2) **83** ◯ **80**

    3 ◯ 0

5 ◯ 안에 >, <를 알맞게 써넣으세요.

(1) **81** ◯ **69**

(2) **92** ◯ **97**

6 **71**보다 큰 수를 모두 찾아 ◯ 하세요.

| 66 | 79 | 70 | 93 |

7 가장 큰 수에 ◯, 가장 작은 수에 △ 하세요.

(1)
| 90 | 78 | 85 |

(2)
| 87 | 84 | 92 |

8 빨간색 구슬이 **62**개, 파란색 구슬이 **68**개 있습니다. 더 많은 구슬은 어떤 구슬인가요?

(   )

짝수와 홀수

- 2, 4, 6, 8, 10과 같이 둘씩 짝을 지을 수 있는 수를 짝수라고 합니다.
- 1, 3, 5, 7, 9와 같이 둘씩 짝을 지을 수 없는 수를 홀수라고 합니다.

개념잡기

- 짝수 : 낱개의 수가 0, 2, 4, 6, 8인 수
- 홀수 : 낱개의 수가 1, 3, 5, 7, 9인 수

수를 순서대로 쓰면 짝수와 홀수가 번갈아 가며 놓입니다.

1 개념확인

딸기의 수를 세어 □ 안에 알맞은 수를 써넣고, 알맞은 말에 ○ 하세요.

□개
(짝수, 홀수)

□개
(짝수, 홀수)

□개
(짝수, 홀수)

□개
(짝수, 홀수)

2 개념확인

둘씩 묶어 세어 보고, 알맞은 말에 ○ 하세요.

(짝수, 홀수)

3 개념확인

수 배열표에서 짝수에 ○, 홀수에 △ 하세요.

1	2	3	4	5
6	7	8	9	10
11	12	13	14	15
16	17	18	19	20
21	22	23	24	25

기본 문제를 통해 교과서 개념을 다져요.

👑 □ 안에 알맞은 수를 써넣고 짝수인지 홀수인지 ○ 하세요. [1~3]

❶
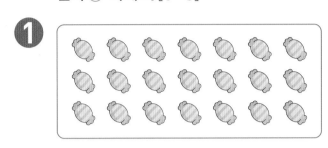

□ 개, (짝수, 홀수)

❷

□ 개, (짝수, 홀수)

⭐중요
❸ 짝수에 ○, 홀수에 △ 하세요.

| 15 | 37 | 22 | 11 | 23 | 40 |

❹ □ 안에 알맞은 수를 써넣으세요.

| 5 | 12 | 33 | 24 |

홀수 : □ , □

짝수 : □ , □

❺ 짝수는 빨간색으로, 홀수는 파란색으로 색칠해 보세요.

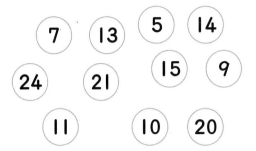

❻ 과일 가게에 있는 과일의 수입니다. 과일의 수가 짝수인 과일을 모두 쓰세요.

과일	사과	배	수박	참외
과일의 수(개)	49	50	29	38

( )

❼ 수 배열표에서 가장 큰 홀수를 찾아 ○, 가장 작은 짝수를 찾아 △ 하세요.

13	14	15	16	17	18
19	20	21	22	23	24

❽ 20보다 크고 30보다 작은 수 중에서 홀수를 모두 찾아 쓰세요.

( )

유형 **4** 수의 순서 알아보기

- 수를 순서대로 쓰면 오른쪽으로 갈수록 |씩 커지고, 왼쪽으로 갈수록 |씩 작아집니다.
- **99**보다 |만큼 더 큰 수를 **100**이라 하고, 백이라고 읽습니다.

대표유형

4-1 순서에 맞도록 빈 곳에 알맞은 수를 써넣으세요.

(1)

(2)

(3)

4-2 ㉠에 알맞은 수를 쓰고 읽어 보세요.

| 98 | 99 | ㉠ |

쓰기 (   )

읽기 (   )

4-3 순서에 맞도록 빈 곳에 알맞은 수를 써넣으세요.

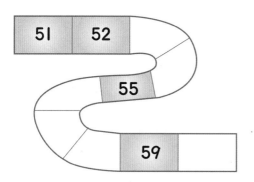

4-4 빈 곳에 알맞은 수를 써넣으세요.

(1)
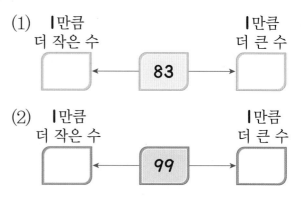

|만큼 더 작은 수 ← 83 → |만큼 더 큰 수

(2)

|만큼 더 작은 수 ← 99 → |만큼 더 큰 수

4-5 왼쪽의 수보다 |만큼 더 큰 수에 ○, |만큼 더 작은 수에 △ 하세요.

| 65 | 64 | 68 | 67 | 66 |

4-6 ★에 알맞은 수를 구하세요.

★보다 |만큼 더 큰 수는 **80**입니다.

(   )

❌ **잘 틀려요**

4-7 **87**과 **95** 사이에 있는 수는 모두 몇 개인가요?

(   )개

유형 5 수의 크기 비교하기

- 10개씩 묶음의 수가 다를 때에는 10개씩 묶음의 수가 큰 쪽이 더 큰 수입니다.

$$68 < 72$$

6<7

- 10개씩 묶음의 수가 같을 때에는 낱개의 수가 큰 쪽이 더 큰 수입니다.

$$85 > 82$$

5>2

대표유형

5-1 두 수의 크기를 비교하여 ○ 안에 >, <를 알맞게 써넣으세요.

(1) 83 ◯ 78

(2) 55 ◯ 59

5-2 ○ 안에 >, <를 알맞게 써넣으세요.

여든셋 ◯ 팔십사

5-3 색종이를 지혜는 68장, 가영이는 63장 가지고 있습니다. 누가 색종이를 더 많이 가지고 있나요?

(   )

5-4 두 수의 크기를 바르게 비교한 것을 모두 고르세요. (   )

① 72>83   ② 95>94

③ 59>61   ④ 64<99

⑤ 81>86

5-5 가장 큰 수에 ○, 가장 작은 수에 △ 하세요.

(1)   65   69   61

(2)   74   85   77

5-6 82보다 큰 수에 ○, 작은 수에 △ 하세요.

97   76   64   88   80

5-7 가장 큰 수를 찾아 기호를 쓰세요.

㉠ 80   ㉡ 74

㉢ 56   ㉣ 98

(   )

3단계 유형 콕콕

유형 6 짝수와 홀수 알아보기

- 짝수 : 2, 4, 6, 8, 10과 같이 둘씩 짝을 지을 수 있는 수
- 홀수 : 1, 3, 5, 7, 9와 같이 둘씩 짝을 지을 수 없는 수

대표유형

6-1 □ 안의 수가 짝수이면 '짝', 홀수이면 '홀'을 써넣으세요.

(1)
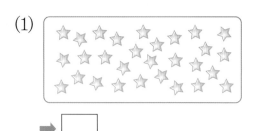

➡ [　　]

(2)

➡ [　　]

6-2 짝수를 모두 찾아 ○ 하세요.

| 21 | 30 | 48 | 33 | 16 |

6-3 홀수는 모두 몇 개인가요?

| 43 | 32 | 11 | 36 |
| 19 | 20 | 34 | 29 |

(　　　　　　)개

6-4 수를 순서에 맞도록 쓸 때, ㉠에 알맞은 수는 짝수와 홀수 중 어느 것인가요?

28 – 29 – 30 – ○ – ○ – ㉠

(　　　　　　)

6-5 다음 중 나타내는 수가 홀수인 것을 찾아 기호를 써 보세요.

㉠ 10개씩 묶음의 수가 2, 낱개의 수가 0인 수
㉡ 10개씩 묶음의 수가 3, 낱개의 수가 5인 수
㉢ 10개씩 묶음의 수와 낱개의 수가 모두 4인 수

(　　　　　　)

6-6 15보다 작은 홀수는 모두 몇 개인가요?
(　　　　　　)개

6-7 수 배열표에서 짝수에 모두 ○ 하고 몇 개인지 써 보세요.

20	21	22	23	24	25	26
27	28	29	30	31	32	33
34	35	36	37	38	39	40
41	42	43	44	45	46	47

(　　　　　　)개

1 구슬을 오른쪽 그림과 같이 상자에 담으려고 합니다. 다음 구슬을 모두 담기 위해 필요한 상자는 모두 몇 개인가요?

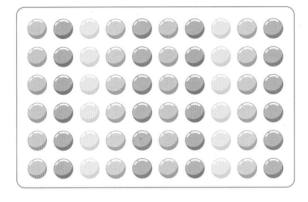

( )개

2 동민이는 색종이를 10장씩 9묶음 가지고 있습니다. 이 중에서 2묶음을 동생에게 주었다면 동민이에게 남은 색종이는 몇 장인가요?

( )장

3 빈칸에 알맞은 수를 써넣으세요.

10개씩 묶음	낱개		낱개
5		→	62
	15		85

4 바둑돌의 개수와 관계있는 것을 모두 고르세요. ( )

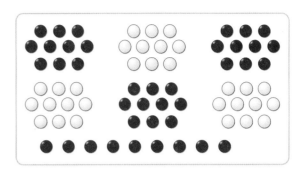

① 70
② 일흔
③ 예순아홉
④ 10개씩 묶음 6개와 낱개 8개
⑤ 10개씩 묶음 5개와 낱개 19개

5 56을 만들려면 다음에서 십 모형과 낱개 모형을 각각 몇 개씩 빼내야 하나요?

십 모형 ( )개
낱개 모형 ( )개

6 사과가 한 상자에 10개씩 들어 있습니다. 사과 6상자와 낱개 3개가 있다면 사과는 모두 몇 개인가요?

( )개

7 한별이는 10장씩 들어 있는 빨간색 색종이 5묶음, 10장씩 들어 있는 파란색 색종이 2묶음, 초록색 색종이 8장을 가지고 있습니다. 한별이가 가지고 있는 색종이는 모두 몇 장인가요?

( )장

8 주어진 말을 사용하여 상황에 알맞은 이야기를 만들어 보세요.

(1) 칠십오

➡ _____

일흔다섯

➡ _____

(2) 구십

➡ _____

아흔

➡ _____

9 다음 이야기에서 잘못 나타낸 부분을 찾아 바르게 고쳐 보세요.

> 평상시 기차 한 칸에 육십오 명씩 타고 다녔는데 오늘은 기차가 칠십 분이 늦어 기차 한 칸에 여든 명이 탔습니다.

_____

10 수 배열표에서 ㉠에 알맞은 수는 짝수와 홀수 중 어느 것인지 쓰세요.

31	32	33	34				38
	40					㉠	

( )

11 나머지 셋과 <u>다른</u> 하나를 찾아 기호를 쓰세요.

> ㉠ 99 다음의 수
> ㉡ 90보다 10만큼 더 큰 수
> ㉢ 백
> ㉣ 아흔아홉

( )

12 다음에서 설명하는 수는 모두 몇 개인가요?

> • 짝수입니다.
> • 10보다 큰 수입니다.
> • 32보다 작은 수입니다.

( )개

13 대화에서 수를 잘못 이야기한 것은 어느 것인가요? (   )

① 유승 : 지수야. 오늘 할머니의 <u>예순네 번째</u> 생신인거 알아?

② 은지 : 그래? 깜박했네. 내 생일에서 <u>오십이 일</u>이 지난 날이란 건 알았는데.

③ 유승 : 파티가 <u>여섯 시</u>니까 지금이라도 빨리 선물 준비해.

④ 은지 : 너는 장미꽃을 <u>육십사 송이</u> 산 거야? 난 할머니께서 좋아하시는 초콜릿을 사야겠다.

⑤ 유승 : 응. 문방구에서부터 <u>세 번째</u> 건물이 디저트 가게니까 거기 가봐.

14 관계있는 것끼리 선으로 이어 보세요.

| **67보다**
1만큼더큰수 | **93보다**
5만큼더큰수 | **76보다**
3만큼더큰수 |

98   79   68

| **80보다**
1만큼더작은수 | **99보다**
1만큼더작은수 | **78보다**
10만큼더작은수 |

15 주어진 수와 알맞은 자리를 이어 보세요.

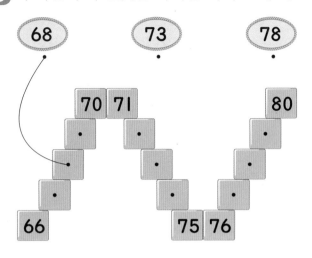

16 상자를 번호대로 쌓아 두었는데 상자의 번호가 지워졌습니다. 번호가 없는 상자에 번호를 써넣으세요.

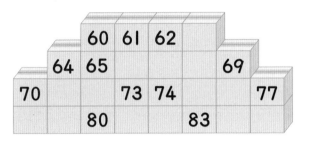

17 지혜와 석기가 함께 설명하고 있는 수를 구하세요.

> 지혜 : 이 수는 **56**과 **70** 사이의 수야.
> 석기 : 이 수는 낱개의 수가 **6**이야.

(   )

18 10개씩 묶음의 수가 **7**이고 낱개의 수가 **8**인 수와 10개씩 묶음의 수가 **8**이고 낱개의 수가 **3**인 수가 있습니다. 이 두 수 사이에 있는 수를 모두 쓰세요.

( )

19 가장 작은 수부터 차례대로 쓰세요.

75 69 72 59

( )

20 □ 안에 알맞은 수를 쓰고 ○ 안에 >, <를 알맞게 써넣으세요.

21 짝수와 홀수로 구분한 뒤 ○ 안에 알맞은 수를 써넣으세요.

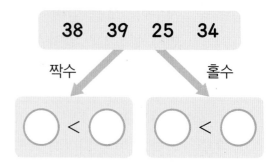

22 □ 안에 들어갈 수 있는 숫자에 모두 ○ 하세요.

(1)

(1 , 2 , 3 , 4 , 5)

(2)
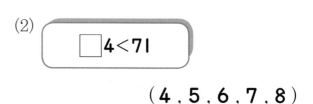

(4 , 5 , 6 , 7 , 8)

23 낱개의 수가 **7**인 수 중에서 **50**보다 큰 몇십몇은 모두 몇 개인가요?

( )개

서술 유형 익히기

주어진 풀이 과정을 함께 해결하면서
서술형 문제의 해결 방법을 익혀요.

유형 1

사탕은 모두 몇 개인지 풀이 과정을 쓰고 답을 구해 보세요.

풀이 낱개로 있는 사탕을 10개씩 묶어 보면 10개씩 묶음 ☐ 개와 낱개 ☐ 개입니다.

따라서 사탕은 모두 10개씩 묶음 6개와 낱개 ☐ 개이므로 ☐ 개입니다.

답 ☐ 개

예제 1

달걀은 모두 몇 개인지 풀이 과정을 쓰고 답을 구해 보세요. [5점]

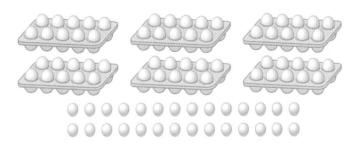

설명

_____

_____

_____

답 _____ 개

유형 2

줄넘기를 상연이는 **62**번, 영수는 **71**번 했습니다. 누가 줄넘기를 더 많이 했는지 풀이 과정을 쓰고 답을 구해 보세요.

✏️ 설명   **62**는 **10**개씩 묶음이 ☐ 개이고, **71**은 **10**개씩 묶음이 ☐ 개이므로

62와 **71** 중에서 ☐ 이 **62**보다 더 큽니다.

따라서 ☐ 가 줄넘기를 더 많이 했습니다.

🧩 답 _____

예제 2

줄넘기를 동민이는 **52**번, 한별이는 **55**번 했습니다. 누가 줄넘기를 더 적게 했는지 풀이 과정을 쓰고 답을 구해 보세요. [5점]

✏️ 설명

_____

_____

_____

_____

🧩 답 _____

👑 영수와 지혜가 다음과 같은 방법으로 놀이를 합니다. 물음에 답하세요. [1~3]

놀이 방법

준비물 **50**부터 **100**까지의 수가 적혀 있는 수 카드

① 수 카드를 잘 섞어 뒤집어 놓습니다.

② 영수와 지혜가 수 카드를 각각 한 장씩 골라 두 수의 크기를 비교합니다.

③ 더 큰 수를 뽑은 사람이 **1**점을 받습니다.

④ 위와 같은 방법으로 **5**회를 반복하여 점수가 더 많은 사람이 이깁니다.

1 **1**회 때 영수와 지혜가 뽑은 수 카드가 다음과 같다면 누가 **1**점을 받게 되나요?

영수	지혜
58	61

(   )

2 **2**회 때 영수와 지혜가 뽑은 수 카드가 다음과 같다면 누가 **1**점을 받게 되나요?

영수	지혜
74	70

(   )

3 영수와 지혜가 **5**회 동안 뽑은 수 카드입니다. 놀이에서 이긴 사람은 누구인가요?

	1회	2회	3회	4회	5회
영수	58	74	63	80	91
지혜	61	70	59	97	88

(   )

점수

1 수 모형을 보고 빈 곳에 알맞은 수를 써넣으세요.
(3점)

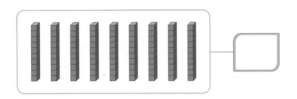

2 관계있는 것끼리 선으로 이어 보세요.
(3점)

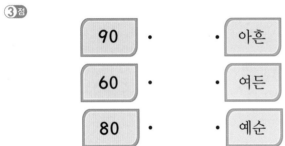

3 □ 안에 알맞은 수를 써넣으세요.
(3점)

80은 10개씩 묶음이 □ 개이고,
□ 은 10개씩 묶음이 9개입니다.

4 곶감이 한 줄에 10개씩 꽂혀 있습니다.
(4점) 7줄에 꽂혀 있는 곶감은 모두 몇 개인가요?

( )개

5 수로 써 보세요.
(4점)

(1) 아흔다섯 ➡ ( )

(2) 육십삼 ➡ ( )

(3) 예순여섯 ➡ ( )

6 수를 바르게 읽지 <u>않은</u> 것은 어느 것인가요? ( )
(3점)

① 72 – 칠십이 – 일흔둘
② 95 – 구십오 – 아흔다섯
③ 59 – 오십구 – 쉰아홉
④ 64 – 육십사 – 예순넷
⑤ 87 – 팔십일곱 – 여든칠

7 다음 이야기에서 <u>잘못</u> 나타낸 부분을 찾아 바르게 고쳐 보세요.
(4점)

유승이네 학교 일 학년 학생 육십구 명이 현장 학습을 가서 팔십 분 동안 보물찾기 놀이를 하였습니다.

8 짝수를 모두 찾아 써 보세요.
(4점)

23 14 31 20 48 39

( )

9 다음 중 홀수가 <u>아닌</u> 것을 모두 고르세요. (   )

① 17   ② 35
③ 46   ④ 31
⑤ 88

10 수의 순서에 맞도록 빈칸에 알맞은 수를 써넣으세요.

60	61	62	63	64		
67			70			
	75	76		78		

11 □ 안에 알맞은 수나 말을 써넣으세요.

99보다 1 큰 수는 □ 이고
□ 이라고 읽습니다.

12 빈 곳에 알맞은 수를 써넣으세요.

1만큼
더 작은 수   1만큼
더 큰 수

[　] — (80) — [　]

13 1학년 학생 중 남학생은 예순아홉 명이고 여학생은 남학생보다 1명 더 많습니다. 1학년 여학생은 모두 몇 명인가요?

(   )명

14 □ 안에 알맞은 수를 써넣으세요.

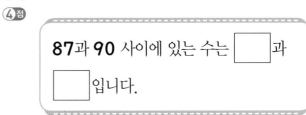

87과 90 사이에 있는 수는 □ 과
□ 입니다.

15 ○ 안에 >, <를 알맞게 써넣으세요.

예순일곱 ○ 아흔여섯

16 다음을 >, <를 사용하여 나타내세요.
(4점)
(1) **67**은 **51**보다 큽니다.
➡ (   )

(2) **90**은 **92**보다 작습니다.
➡ (   )

17 가장 큰 수에 ○, 가장 작은 수에 △ 하
(4점) 세요.

┌─────────────────────────────┐
│ **72**   **80**   **69**   **77** │
└─────────────────────────────┘

18 과일의 수가 가장 많은 것부터 차례대로
(4점) 이름을 써 보세요.

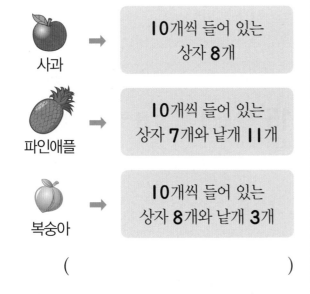

사과 ➡ **10**개씩 들어 있는 상자 **8**개

파인애플 ➡ **10**개씩 들어 있는 상자 **7**개와 낱개 **11**개

복숭아 ➡ **10**개씩 들어 있는 상자 **8**개와 낱개 **3**개

(   )

19 **1**부터 **9**까지의 숫자 중 □ 안에 들어 갈
(4점) 수 있는 숫자를 모두 쓰세요.

┌─────────────────────┐
│   **56**<□**4**   │
└─────────────────────┘

(   )

20 바르게 말한 사람은 누구인가요?
(4점)

┌───────────────────────────────┐
│ 가영 : **79**는 **80**보다 크고 **82**보다 작 │
│   은 수입니다.   │
│ 동민 : **67**과 **73** 사이에 있는 수는 모 │
│   두 **5**개입니다.   │
│ 지혜 : **10**개씩 묶음 **9**개와 낱개 **6**개는 │
│   **69**입니다.   │
└───────────────────────────────┘

(   )

21 가장 큰 것과 가장 작은 것을 찾아 각각
(4점) 수로 나타내 보세요.

┌───────────────────────────────┐
│ • 아흔둘   │
│ • **10**개씩 묶음 **7**개와 낱개 **13**개 │
│ • **90**보다 **1**만큼 더 큰 수   │
└───────────────────────────────┘

가장 큰 수 (   )
가장 작은 수 (   )

서술형

22 구슬이 **10**개씩 묶음 **6**개와 낱개로
⑤점 **12**개 있습니다. 구슬은 모두 몇 개인지
풀이 과정을 쓰고 답을 구하세요.

📖풀이

📁답 _____ 개

23 고구마 **67**개를 모두 상자에 담으려고
⑤점 합니다. 한 상자에 **10**개까지 담을 수
있다고 할 때 상자는 적어도 몇 개가
필요한지 풀이 과정을 쓰고 답을 구하
세요.

📖풀이

📁답 _____ 개

24 귤은 **10**개씩 묶음 **7**개와 낱개 **16**개가
⑤점 있고, 사과는 **10**개씩 묶음 **8**개와 낱개
4개가 있습니다. 귤과 사과 중 어느
것이 더 많은지 풀이 과정을 쓰고 답을
구하세요.

📖풀이

📁답 _____

25 다음을 모두 만족하는 수는 몇 개인지
⑤점 풀이 과정을 쓰고 답을 구하세요.

> • **70**보다 크고 **80**보다 작습니다.
> • 짝수입니다.

📖풀이

📁답 _____ 개

👑 수 배열표를 보고 물음에 답하세요. [1~4]

1	2	3	4	5	6
7	8	9	10	11	12
13	14	15	16	17	18
19	20	21	22	23	24
25	26	27	28	29	30
31	32	33	34	35	36

① 짝수를 모두 찾아 ○ 하세요.

② 짝수에는 어떤 규칙이 있는지 써 보세요.

③ 홀수를 모두 찾아 △ 하세요.

④ 홀수에는 어떤 규칙이 있는지 써 보세요.

달걀의 하루

나는 달걀이에요. 지금은 엄마 뱃속에 있는데 사람들이 우리 엄마를 암탉이라고 불러요. 우리 엄마는 동물 농장에 살고 있는데, 이곳은 우리 엄마와 친구인 암탉들이 아주 많이 모여 살고 있어요.

"하나, 둘, 셋, 넷, ……, 오십, 육십, 칠십, 팔십, 구십, ……."

얼핏 보기에도 **90**보다 많은 수의 엄마 닭들이 모여 사는 것 같아요.

이제 조금만 있으면 새벽이 오는데, 새벽이 오면 태어날 것 같아요.

드디어 새벽이 왔고 나는 엄마 뱃속에서 이제 막 태어났어요. 엄마는 내가 태어난 것을 축복해 주면서 친척들에게 이 사실을 알렸어요.

주위를 둘러보니 나와 비슷하게 생긴 달걀 친구들이 여기저기 태어났어요. 때마침, 농장 주인이 아들과 함께 달걀 친구들을 엄마 품에서 꺼낸 뒤, 바구니에 조심스럽게 하나씩 옮기고 있어요.

"어디 보자. 오늘은 새로 태어난 달걀이 몇 개일까? 하나, 둘, 셋, ……"

새로 태어난 달걀을 바구니에 다 옮기고 나서, 주인아저씨는 우리를 시장에 팔기 위해 달걀이 **10**개씩 들어가는 상자에 하나씩 넣고 있어요. 나는 바구니 제일 아래쪽에 있으니까, 몇 번째 상자에 들어갈지 궁금했어요.

주인아저씨는 우리 달걀 친구들을 가지고 아들과 함께 재미있는 수학놀이를 하는 것 같아요! 바구니에서 달걀 상자에 들어가길 기다리던 우리는 주인아저씨와 아들이 수학놀이를 하는 것이 궁금해 한참 동안 지켜보았답니다.

"아들아, 달걀 상자에 달걀을 넣어 보거라. 달걀 상자에 달걀이 몇 개 들어가지?"

"10개씩 들어가요, 아버지."

"좋아, 달걀을 10개씩 여섯 상자에 넣으면 달걀은 몇 개일까?"

"10개씩 6묶음이니까 60이라 하고, 육십 또는 예순이라고 읽어요."

"그럼, 달걀을 10개씩 일곱 상자에 넣으면 달걀은 몇 개일까?"

"70개입니다."

"아주 잘하는 구나. 이번에는 아버지가 달걀을 10개씩 아홉 상자에 넣었단다.
그리고 달걀이 3개 더 있으면 달걀은 모두 몇 개일까?"

"달걀이 10개씩 아홉 상자와 낱개로 3개니까 93이라 하고, 구십삼 또는
아흔셋이라고 읽어요."

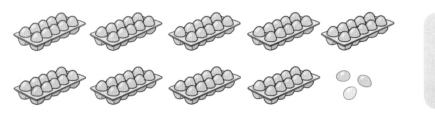

93
구십삼 또는 아흔셋

이번에는 아들이 달걀을 집어서 하나씩 상자에 채워 넣기 시작했어요.

"94(구십사), 95(구십오), 96(구십육), 97(구십칠), 98(구십팔), 99(구십구),
......"

그다음, 드디어 나를 집어 올릴 순서가 되었어요.

"아들아, 달걀 99개보다 1개 더 많으면 달걀이 모두 몇 개일까?"

"글쎄요, 99보다 1 큰 수는 얼마인지 모르겠어요. 가르쳐 주셔요."

나는 아들이 과연 내 순서에는 어떻게 수를 나타낼 수 있을지 몹시 궁금했습니다.

😀 달걀이 10개씩 여섯 묶음이라면 얼마라고 해야 할까요?

😀 99 다음의 수는 얼마일까요?

단원 2 덧셈과 뺄셈(1)

이번에 배울 내용

1 세 수의 덧셈

2 세 수의 뺄셈

3 10이 되는 더하기

4 10에서 빼기

5 10을 만들어 더하기

◀ 이전에 배운 내용

- 한 자리 수의 범위에서 받아올림이 없는 덧셈
- 한 자리 수의 범위에서 받아내림이 없는 뺄셈

▶ 다음에 배울 내용

- 받아올림이 있는 (몇)+(몇)=(십몇)
- 받아내림이 있는 (십몇)−(몇)=(몇)

세 수의 덧셈

$$2+3+4=9$$
$$5$$
$$9$$

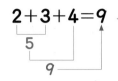

$$2+3=5$$
$$5+4=9$$

$$2+3+4=9$$

개념잡기

• 세 수의 덧셈은 순서를 바꾸어 더해도 결과는 같습니다.

$$5+2+1=8$$
$$7$$
$$8$$

$$5+2+1=8$$
$$3$$
$$8$$

---

1 개념확인

호랑이가 **2**마리, 사자가 **4**마리, 기린이 **1**마리 있습니다. 동물은 모두 몇 마리인지 알아보세요.

(1) 동물의 수만큼 ○를 그려 보세요.

호랑이	사자	기린

(2) □ 안에 알맞은 수를 써넣으세요.

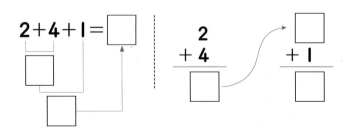

(3) 동물은 모두 □마리입니다.

기본 문제를 통해 교과서 개념을 다져요.

① 그림을 보고 □ 안에 알맞은 수를 써넣으세요.

$$1+2+3=\boxed{}$$

② □ 안에 알맞은 수를 써넣으세요.

(1)
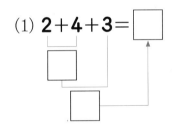

(2)
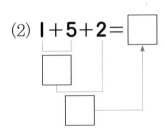

③ □ 안에 알맞은 수를 써넣으세요.

$$4+3+1=\boxed{}$$

$$4+3=\boxed{}$$

$$\boxed{}+1=\boxed{}$$

④ 계산을 하세요.

(1) $2+3+2$

(2) $4+1+4$

⑤ 빈 곳에 알맞은 수를 써넣으세요.

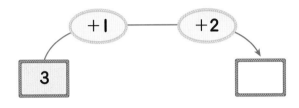

⑥ 관계있는 것끼리 선으로 이어 보세요.

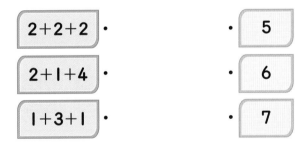

⑦ 상자 안에 빨간색 구슬 **1**개, 파란색 구슬 **5**개, 노란색 구슬 **3**개가 들어 있습니다. 상자 안에 들어 있는 구슬은 모두 몇 개인가요?

식 _____

답 _____ 개

단원
2

세 수의 뺄셈

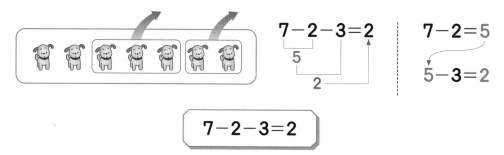

$$7-2-3=2$$

개념잡기

• 세 수의 뺄셈은 반드시 앞에서부터 두 수씩 차례로 계산합니다.

개념확인 1

영수는 동화책을 **8**권 선물 받았습니다. 이 중 어제까지 **3**권을 읽었고 오늘 **2**권을 읽었습니다. 선물 받은 동화책 중 아직 읽지 않은 동화책은 몇 권인지 알아보세요.

(1) 어제 읽은 동화책의 수만큼 /로 지워 보세요.

(2) 오늘 읽은 동화책의 수만큼 /로 지워 보세요.

(3) ☐ 안에 알맞은 수를 써넣으세요.

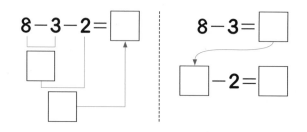

(4) 선물 받은 동화책 중 아직 읽지 않은 동화책은 ☐ 권입니다.

기본 문제를 통해 교과서 개념을 다져요.

1 그림을 보고 □ 안에 알맞은 수를 써넣으세요.

$$9-2-5=\boxed{}$$

2 □ 안에 알맞은 수를 써넣으세요.

(1) $6-2-1=\boxed{}$

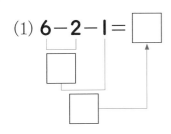

(2) $7-3-1=\boxed{}$

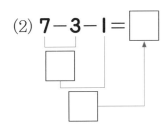

3 □ 안에 알맞은 수를 써넣으세요.

$$9-1-3=\boxed{}$$

$$9-1=\boxed{}$$

$$\boxed{}-3=\boxed{}$$

4 뺄셈을 해 보세요.

(1) $7-2-1$

(2) $9-5-2$

5 빈 곳에 알맞은 수를 써넣으세요.

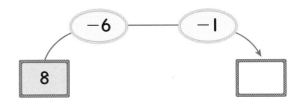

6 관계있는 것끼리 선으로 이어 보세요.

$7-4-1$ ·		· 0
$5-2-3$ ·		· 1
$9-4-4$ ·		· 2

7 곶감 6개 중에서 내가 3개, 동생이 2개를 먹었습니다. 남아 있는 곶감은 몇 개인가요?

식 _____

답 _____ 개

유형 **1** 세 수의 덧셈

앞에 있는 두 수를 더하고, 더해서 나온 수에 나머지 수를 더하여 계산합니다.

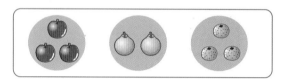

1-1 그림을 보고 □ 안에 알맞은 수를 써넣으세요.

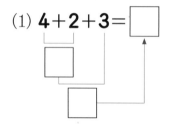

$$3+2+3=\boxed{}$$

1-2 □ 안에 알맞은 수를 써넣으세요.

(1) $4+2+3=\boxed{}$

(2) $1+6+2=\boxed{}$

$1+6=\boxed{}$

$\boxed{}+2=\boxed{}$

대표유형

1-3 덧셈을 해 보세요.

(1) $5+1+2$

(2) $2+3+2$

1-4 계산 결과가 더 큰 것을 찾아 기호를 써 보세요.

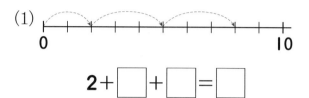

(   )

1-5 수직선을 보고 덧셈식을 만들어 보세요.

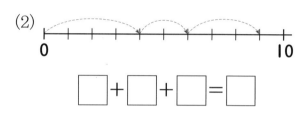

(1)

$$2+\boxed{}+\boxed{}=\boxed{}$$

(2)

$$\boxed{}+\boxed{}+\boxed{}=\boxed{}$$

1-6 ○ 안에 >, =, <를 알맞게 써넣으세요.

(1) $3+2+2$ ○ $4+3$

(2) $3+4+2$ ○ $5+2$

(3) $4+2+1$ ○ $4+5$

1-7 장바구니에 사과 **2**개, 감 **1**개, 귤 **5**개가 들어 있습니다. 장바구니에 들어 있는 과일은 모두 몇 개인가요?

(   )개

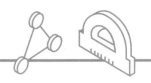

유형 2 세 수의 뺄셈

앞에 있는 두 수를 빼고, 빼어서 나온 수에 나머지 수를 빼서 계산합니다.

$$6 - 2 - 1 = 3$$

4

3

2-1 그림을 보고 □ 안에 알맞은 수를 써 넣으세요.

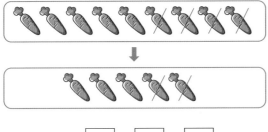

$$9 - \boxed{} - \boxed{} = \boxed{}$$

2-2 □ 안에 알맞은 수를 써넣으세요.

(1) $5 - 3 - 1 = \boxed{}$

$\boxed{}$

$\boxed{}$

(2) $8 - 3 - 2 = \boxed{}$

$8 - 3 = \boxed{}$

$\boxed{} - 2 = \boxed{}$

2-3 뺄셈을 해 보세요.

(1) $7 - 1 - 5$

(2) $8 - 2 - 4$

2-4 수직선을 보고 뺄셈식을 만들어 보세요.

(1)
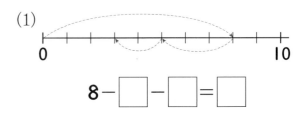

$$8 - \boxed{} - \boxed{} = \boxed{}$$

(2)
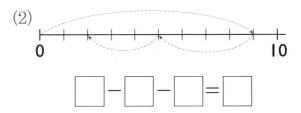

$$\boxed{} - \boxed{} - \boxed{} = \boxed{}$$

2-5 ○ 안에 >, =, <를 알맞게 써넣으세요.

(1) $8 - 3 - 4 \bigcirc 6 - 4$

(2) $9 - 5 - 1 \bigcirc 8 - 5$

(3) $8 - 2 - 3 \bigcirc 9 - 7$

2-6 동민이는 사탕을 **8**개 가지고 있었습니다. 친구에게 **2**개를 주고 동생에게 **1**개를 주었다면 남은 사탕은 몇 개인가요?

(   )개

단원 2

➰ 10이 되는 더하기

축구공이 **7**개 있습니다. 몇 개가 더 있으면 **10**개가 되는지 알아보세요.

① 축구공은 **7**개 있습니다.

② **10**개가 되도록 ○를 그리면 ○는 **3**개입니다.

$$7 + \boxed{3} = 10$$

↳ 더 있어야 하는 축구공의 수

개념잡기

➰ 10이 되는 여러 가지 덧셈식

$1 + \boxed{9} = 10$　　$2 + \boxed{8} = 10$　　$3 + \boxed{7} = 10$　　$4 + \boxed{6} = 10$　　$5 + \boxed{5} = 10$

$6 + \boxed{4} = 10$　　$7 + \boxed{3} = 10$　　$8 + \boxed{2} = 10$　　$9 + \boxed{1} = 10$　　$10 + \boxed{0} = 10$

개념확인 1

사과가 **8**개 있습니다. 사과가 모두 **10**개가 되도록 하려면 몇 개가 더 필요한지 알아보세요.

(1) 사과가 모두 **10**개가 되도록 빈 곳에 ○를 그려 넣으세요.

(2) 더 필요한 사과는 몇 개인가요?

(　　　　　)개

(3) □ 안에 알맞은 수를 써넣으세요.

$$8 + \boxed{} = 10$$

개념확인 2

그림에 알맞은 덧셈식을 만들어 보세요.

$$\boxed{} + \boxed{} = 10$$

기본 문제를 통해 교과서 개념을 다져요.

1 그림을 보고 □ 안에 알맞은 수를 써넣으세요.

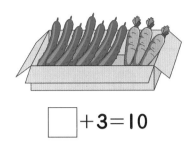

$$\boxed{}+3=10$$

2 그림을 보고 □ 안에 알맞은 수를 써넣으세요.

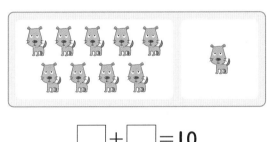

$$\boxed{}+\boxed{}=10$$

3 합이 10이 되도록 빈 곳에 ○를 그려넣고, □ 안에 알맞은 수를 써넣으세요.

$$7+\boxed{}=10$$

4 그림을 보고 □ 안에 알맞은 수를 써넣으세요.

$$8+\boxed{}=\boxed{}$$

$$\boxed{}+4=\boxed{}$$

⭐중요

5 □ 안에 알맞은 수를 써넣으세요.

(1) $2+\boxed{}=10$

(2) $\boxed{}+5=10$

(3) $9+\boxed{}=10$

6 합이 10이 되는 칸을 모두 찾아 색칠해 보세요.

8+2	2+7	6+3	4+5	0+7
3+7	9+1	2+6	7+3	6+4
2+8	3+6	5+5	4+3	1+9
7+2	4+4	6+2	8+1	4+6

7 빨간색 색종이 4장과 파란색 색종이 6장이 있습니다. 색종이는 모두 몇 장인가요?

식 _____

답 _____ 장

○ 10에서 빼기

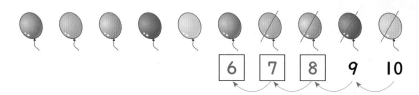
풍선 10개 중에서 4개를 동생에게 주었습니다. 남은 풍선은 몇 개인지 알아보세요.

| 6 | 7 | 8 | 9 | 10 |

① 동생에게 준 풍선 **4**개를 /로 지우면 남은 풍선은 **6**개입니다.

② **10**에서 **4**를 빼면 **6**입니다.

$$10-4=\boxed{6}$$

개념잡기

◇ 10에서 빼기

$10-\boxed{1}=9$　　$10-\boxed{2}=8$　　$10-\boxed{3}=7$　　$10-\boxed{4}=6$　　$10-\boxed{5}=5$

$10-\boxed{6}=4$　　$10-\boxed{7}=3$　　$10-\boxed{8}=2$　　$10-\boxed{9}=1$　　$10-\boxed{0}=10$

---

1 개념확인

피자 **10**조각 중 **7**조각을 먹었습니다. 먹고 남은 피자는 몇 조각인지 알아보세요.

(1) 먹은 피자 조각만큼 /으로 지워 보세요.

(2) 먹고 남은 피자는 몇 조각인가요?

(　　　　　　　)조각

(3) □ 안에 알맞은 수를 써넣으세요.

$$10-7=\boxed{}$$

2 개념확인

그림에 알맞은 뺄셈식을 만들어 보세요.

$$10-\boxed{}=\boxed{}$$

기본 문제를 통해 교과서 개념을 다져요.

1 그림을 보고 □ 안에 알맞은 수를 써넣으세요.

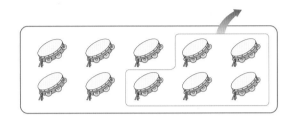

$10-5=$ □

2 그림을 보고 □ 안에 알맞은 수를 써넣으세요.

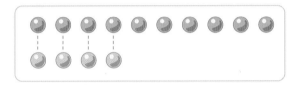

$10-4=$ □

3 그림을 보고 □ 안에 알맞은 수를 써넣으세요.

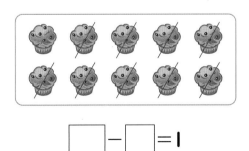

□ $-$ □ $=1$

4 관계있는 것끼리 선으로 이어 보세요.

$10-2$ ·	· 7
$10-6$ ·	· 4
$10-3$ ·	· 8

단원
2

5 식에 맞도록 나비를 /으로 지우고, □ 안에 알맞은 수를 써넣으세요.

$10-$ □ $=4$

6 □ 안에 알맞은 수를 써넣으세요.

(1) $10-8=$ □

(2) $10-$ □ $=9$

7 사탕이 10개 있습니다. 가영이가 사탕을 3개 먹으면 남아 있는 사탕은 몇 개인가요?

식 _____

답 _____ 개

10을 만들어 더하기

(1) 앞의 두 수의 합이 10이 되는 경우

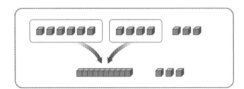

$$6+4+3=13$$
$$10$$
$$3$$

(2) 뒤의 두 수의 합이 10이 되는 경우

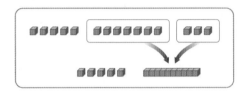

$$5+7+3=15$$
$$10$$
$$15$$

(3) 양 끝의 수의 합이 10이 되는 경우

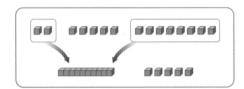

$$2+5+8=15$$
$$10$$
$$15$$

개념잡기

세 수의 덧셈은 더하는 순서를 바꾸어 계산하여도 결과가 같으므로 합이 10이 되는 두 수를 먼저 더합니다.

---

1 개념확인

딸기가 8개, 복숭아가 2개, 참외가 7개 있습니다. 과일은 모두 몇 개인지 알아보세요.

(1) 딸기와 복숭아는 모두 몇 개인가요?

(   )개

(2) ☐ 안에 알맞은 수를 써넣고, 과일은 모두 몇 개인지 구하세요.

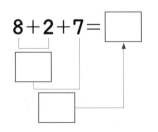

$$8+2+7=\boxed{}$$

(   )개

기본 문제를 통해 교과서 개념을 다져요.

👑 그림을 보고 □ 안에 알맞은 수를 써넣으세요.

[1~2]

1

$6+4+2=$ □

2

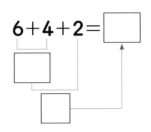

$4+2+8=$ □

3 □ 안에 알맞은 수를 써넣으세요.

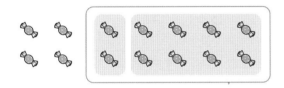

$7+2+3=$ □

4 덧셈을 해 보세요.

(1) $3+9+1$

(2) $4+8+6$

⭐중요

5 합이 10이 되는 두 수를 ○로 묶고, 세 수의 합을 □ 안에 써넣으세요.

(1)

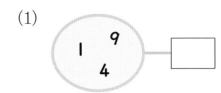

(2)

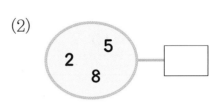

6 관계있는 것끼리 선으로 이어 보세요.

6+4+7 ·	· 10+2
9+2+1 ·	· 10+7
3+8+2 ·	· 6+10
6+5+5 ·	· 3+10

7 꽃병에 장미가 **7**송이, 백합이 **4**송이, 카네이션이 **3**송이 꽂혀 있습니다. 꽃병의 꽃은 모두 몇 송이인가요?

식 _____

답 _____ 송이

유형 3 10이 되는 더하기

컵이 **7**개 있습니다. 컵이 **10**개가 되려면 **3**개가 더 있어야 합니다.

$$7 + \boxed{3} = 10$$

대표유형

3-1 그림을 보고 □ 안에 알맞은 수를 써넣으세요.

$$\boxed{} + \boxed{} = 10$$

3-2 두 수의 합이 **10**이 되는 수끼리 선으로 이어 보세요.

5	·	·	3
6	·	·	4
7	·	·	5

시험에 잘 나와요

3-3 강당에 남자 어린이 **3**명과 여자 어린이 **7**명이 있습니다. 강당에 있는 어린이는 모두 몇 명인가요?

( )명

3-4 **10**이 되도록 빈 곳에 ○를 그려 넣고, □ 안에 알맞은 수를 써넣으세요.

$$\boxed{} + 9 = 10$$

시험에 잘 나와요

3-5 □ 안에 알맞은 수를 써넣으세요.

(1) $5 + \boxed{} = 10$

(2) $\boxed{} + 1 = 10$

3-6 □ 안에 들어갈 수가 더 큰 것에 ○표 하세요.

$8 + \boxed{} = 10$ (   )

$\boxed{} + 3 = 10$ (   )

3-7 초콜릿이 **4**개 있습니다. 초콜릿 몇 개를 더 사 왔더니 **10**개가 되었습니다. 더 사 온 초콜릿은 몇 개인가요?

( )개

유형 4 · 10에서 빼기

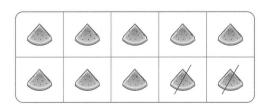

수박이 **10**조각 있습니다. 이 중에서 **2**조각을 먹으면 **8**조각이 남습니다.

$$10-2=\boxed{8}$$

4-1 빈 곳에 알맞은 수를 써넣으세요.

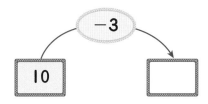

시험에 잘 나와요

4-2 계산한 값이 가장 큰 것을 찾아 기호를 쓰세요.

> ㉠ $10-8$ ㉡ $10-5$ ㉢ $10-7$

(   )

4-3 영수는 장난감 **10**개를 가지고 있었습니다. 그중에서 **2**개를 동생에게 주었습니다. 영수에게 남아 있는 장난감은 몇 개인가요?

(   )개

대표유형

4-4 식에 맞도록 /으로 지우고, ☐ 안에 알맞은 수를 써넣으세요.

$$10-\boxed{}=3$$

시험에 잘 나와요

4-5 ☐ 안에 알맞은 수를 써넣으세요.

(1) $10-\boxed{}=4$

(2) $10-\boxed{}=5$

4-6 ☐ 안에 들어갈 수가 같은 것을 찾아 기호를 쓰세요.

> ㉠ $10-\boxed{}=7$ ㉡ $10-\boxed{}=2$
> ㉢ $3+\boxed{}=10$ ㉣ $2+\boxed{}=10$

(   )

4-7 색종이가 **10**장 있었습니다. 그중에서 몇 장을 사용하였더니 **5**장이 남았습니다. 사용한 색종이는 몇 장인가요?

(   )장

유형 5 10을 만들어 더하기

세 수의 덧셈은 더하는 순서를 바꾸어 계산하여도 결과가 같으므로 합이 10이 되는 두 수를 먼저 더합니다.

$$4+6+2=12$$
10
12

$$7+8+2=17$$
10
17

$$8+5+2=15$$
10
15

대표유형

5-1 합이 10이 되는 두 수를 ○로 묶고, 세 수의 합을 구해 보세요.

(1)
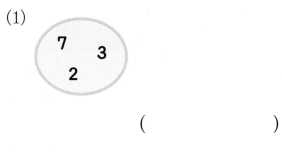
7   3
2

(   )

(2)
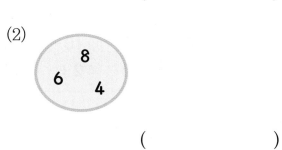
8
6   4

(   )

5-2 계산 결과가 같은 것끼리 선으로 이어 보세요.

8+2+4	·	·	6+5+5
9+6+4	·	·	3+4+7
1+6+9	·	·	2+8+9

5-3 밑줄 친 두 수의 합이 10이 되도록 ○ 안에 수를 써넣고 식을 완성해 보세요.

(1) 7+4+○ = □

(2) 3+○+1 = □

5-4 주사위 3개를 던져서 나온 눈입니다. 나온 눈의 수의 합을 구해 보세요.

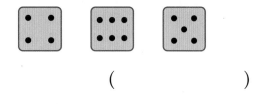

(   )

5-5 효근이는 만화책 7권, 동화책 3권, 위인전 4권을 읽었습니다. 효근이가 읽은 책은 모두 몇 권인가요?

(   )권

5-6 동민이는 빨간색 구슬 6개, 파란색 구슬 2개, 초록색 구슬 8개를 가지고 있습니다. 동민이가 가지고 있는 구슬은 모두 몇 개인가요?

(   )개

단원 2

1 다음 중 계산 결과가 홀수인 것은 어느 것인가요? (   )

① 8−2−4   ② 4+3+3
③ 9−3−2   ④ 3+2+3
⑤ 10−2−3

2 계산 결과가 가장 큰 것부터 차례대로 기호를 쓰세요.

| ㉠ 2+4+1 | ㉡ 4+3+2 |
| ㉢ 2+1+5 | ㉣ 1+3+1 |

(   )

3 친구들과 처음 뽑은 카드에 적힌 수를 맞추는 놀이를 하고 있습니다. 유승, 지은, 새롬이가 처음 뽑은 카드에 적힌 수의 합은 얼마인가요?

> 유승 : 내가 처음 뽑은 카드의 수에 3을 더하고, 4를 빼면 5가 나와.
> 지은 : 내가 처음 뽑은 카드의 수에서 1을 빼고, 8을 더하면 10이 나와.
> 새롬 : 내가 처음 뽑은 카드의 수에 3을 더하고, 4를 더하면 8이 나와.

(   )

4 1반이 다른 반과 축구 경기를 한 결과입니다. 1반이 넣은 골의 합은 다른 반이 넣은 골의 합보다 몇 골이 더 많나요?

1반	2반	1반	3반	1반	4반
2	1	3	4	4	2

(   )골

5 □ 안에 알맞은 수를 써넣어 이야기를 완성해 보세요.

> 사탕이 8개 있었습니다. 이 중에서 동민이는 2개를 먹었고, 영수는 □개를 먹었더니 남은 사탕은 3개가 되었습니다.

6 합이 10이 되는 곳을 따라 선을 그어 보세요.

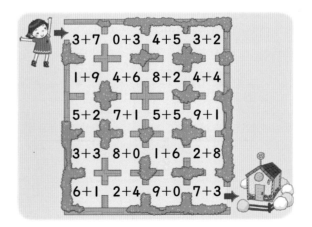

7 더해서 10이 되는 두 수를 모두 찾아 ◯ 하고, 덧셈식을 써 보세요.

```
6  2  8  1
4  5  5  9
3  7  4  6
```

```
6+4=10
```

8 바둑돌이 10개 있었습니다. 예슬이가 몇 개를 가져갔더니 흰 바둑돌 2개, 검은 바둑돌 4개가 남았습니다. 예슬이가 가져간 바둑돌은 몇 개인가요?

(   )개

9 다음과 같이 어떤 수를 넣으면 다른 수가 되어 나오는 마술 상자가 있습니다. 이 마술 상자에 3을 넣으면 어떤 수가 나올지 구해 보세요.

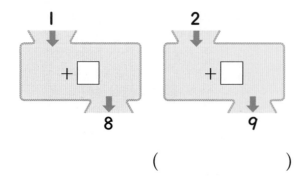

(   )

10 □ 안에 들어갈 수가 가장 작은 것부터 차례대로 기호를 쓰세요.

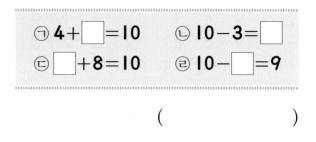

ㄱ $4+\square=10$ ㄴ $10-3=\square$

ㄷ $\square+8=10$ ㄹ $10-\square=9$

(   )

11 계산 결과가 같은 것끼리 선으로 이어 보세요.

$8+2+4$	$9+9$
$1+9+5$	$6+9$
$8+6+4$	$8+6$

12 주어진 수 카드 중 2장을 이용하여 □ 가 있는 식을 완성하려고 합니다. 어떤 수가 적힌 카드를 골라야 하나요?

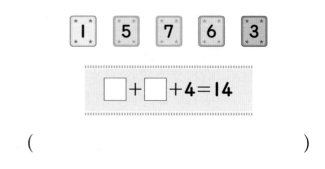

$\square+\square+4=14$

(   )

13 다음 식에서 같은 모양은 같은 수를 나타 냅니다. ●에 들어갈 수는 어떤 수인 가요?

> • ▲ + ▲ = 8
> • ■ + ■ + ■ = 9
> • ▲ + ■ + ● = 10

(   )

14 주사위 **3**개의 눈의 수를 모두 더하면 얼 마인가요?

(   )

15 ㉠과 ㉡에 알맞은 수의 합을 구하세요.

| ㉠ + 5 = 10 | 10 − ㉡ = 6 |

(   )

16 아래의 도형에서 마주 보고 있는 수의 합이 같을 때 ㉠ − ㉡의 값을 구하세요.

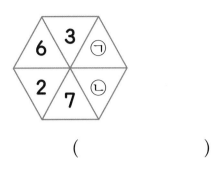

(   )

17 유승이는 어제 문제집을 **7**쪽 풀고, 오늘 은 **6**쪽 풀었습니다. 은지는 유승이보다 **3**쪽을 더 풀었다면 은지가 푼 문제집은 모두 몇 쪽인가요?

(   )쪽

18 같은 모양은 같은 수를 나타낼 때, ◇에 들어갈 수를 구하세요.

> ○ + ○ = 4
> △ + △ = 6
> □ + □ = 8
> ○ + △ + □ + ◇ = 10

(   )

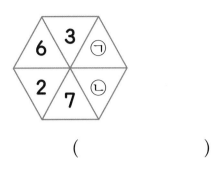

19 더해서 **10**이 되는 두 수를 찾아 모두 ◯했을 때 남는 수를 구하세요.

8	2	9
4	5	1
6	3	7

(   )

20 같은 모양은 같은 수를 나타냅니다. ●에 알맞은 수를 구하세요.

$$10-7=▲$$
$$▲+4+6=●$$

(   )

21 ★ − ◆의 값을 구하세요.

· $6+◆=10$
· $10-★=1$

(   )

22 **1**부터 **9**까지의 수 중에서 □ 안에 들어 갈 수 있는 수는 모두 몇 개인가요?

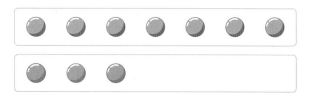

$$7+\square+3<4+7+6$$

(   )개

23 그림을 보고 □ 안에 알맞은 수를 써넣으 세요.

$7+\square=10$
$3+\square=10$

$10-7=\square$
$10-\square=7$

24 □ 안에 들어갈 수가 가장 큰 것부터 차 례대로 기호를 쓰세요.

㉠ $10-4=\square$
㉡ $10-\square=8$
㉢ $3+\square=10$

(   )

서술 유형 익히기

주어진 풀이 과정을 함께 해결하면서
서술형 문제의 해결 방법을 익혀요.

단원 2

유형 1

책꽂이에 동화책 몇 권과 위인전 3권이 꽂혀 있습니다. 책꽂이에 꽂혀 있는 책이 모두 10권이라면 동화책은 몇 권인지 풀이 과정을 쓰고 답을 구하세요.

풀이 동화책의 수를 ■권이라고 하여 식을 세우면 ■+3=☐입니다.

■+3=☐에서 ■=☐이므로 동화책은 ☐권입니다.

답 ☐권

예제 1

책꽂이에 과학책 몇 권과 동화책 4권이 꽂혀 있습니다. 책꽂이에 꽂혀 있는 책이 모두 10권이라면 과학책은 몇 권인지 풀이 과정을 쓰고 답을 구하세요. [5점]

풀이

답 ______ 권

유형2

■ 안에 들어갈 수 있는 수 중에서 가장 큰 수는 얼마인지 풀이 과정을 쓰고 답을 구하세요.

$$9-1-■>4$$

풀이 $9-1-■>4 \Rightarrow \boxed{}-■>4$ 이므로 ■ 안에 들어갈 수 있는 수는

$\boxed{}$ 보다 작은 수입니다.

따라서 ■ 안에 들어갈 수 있는 수 중에서 가장 큰 수는 $\boxed{}$ 입니다.

답 $\boxed{}$

예제2

□ 안에 들어갈 수 있는 수 중에서 가장 작은 수는 얼마인지 풀이 과정을 쓰고 답을 구하세요. [5점]

$$2+1+□>7$$

풀이

답

놀이 수학

👑 동민이와 영수가 화살 던지기 놀이를 합니다. 물음에 답하세요. [1~2]

놀이 방법

① 과녁판에 화살을 **3**개 던집니다.

② 화살 **3**개를 던져 나온 점수를 표에 기록합니다.

③ 기록한 점수로 덧셈식을 만들어 점수의 합을 구합니다.

④ **3**회 반복하여 나온 점수의 합 중에서 최고 점수를 자기 점수로 하여 점수가 높은 사람이 이깁니다.

(과녁판)

1 동민이와 영수가 화살 던지기를 **3**회 반복하여 나온 결과입니다. 표를 완성해 보세요.

동민				
횟수	화살 ①	화살 ②	화살 ③	덧셈식
1	1	2	3	1+2+3=6
2	3	2	2	
3	2	3	1	

영수				
횟수	화살 ①	화살 ②	화살 ③	덧셈식
1	2	1	1	2+1+1=4
2	3	3	2	
3	2	2	2	

2 동민이와 영수 중 놀이에서 이긴 사람은 누구인가요?

(   )

1단원 단원 평가

점수

👑 그림을 보고 □ 안에 알맞은 수를 써넣으세요. [1~2]

1
(3점)

$$4 + \boxed{} + \boxed{} = \boxed{}$$

2
(3점)

$$9 - \boxed{} - \boxed{} = \boxed{}$$

3
(3점)
위쪽의 수와 아래쪽의 수를 더하면 10입니다. 빈칸에 알맞은 수를 써넣으세요.

10		6		5
	3		8	

4
(3점)
계산이 <u>틀린</u> 학생을 찾아 바르게 계산한 값을 구하세요.

> 한솔 : 7+3+6=18
> 유승 : 10-2-3=5

(   )

5
(4점)
어항에 열대어 8마리가 있었습니다. 오늘 열대어 2마리를 더 사 와서 어항에 넣었습니다. 어항에 있는 열대어는 모두 몇 마리인가요?

(   )마리

6
(4점)
계산 결과가 더 큰 것을 찾아 기호를 쓰세요.

> ㉠ 3+2+2   ㉡ 9-2-1

(   )

7
(4점)
버스에 승객이 8명 있었습니다. 학교 앞 정류장에서 승객 3명이 내리고, 도서관 앞 정류장에서 1명이 내렸습니다. 버스 안에는 승객이 몇 명 있나요?

식 _____

답 _____ 명

그림을 보고 □ 안에 알맞은 수를 써넣으세요. [8~9]

8 (4점)

$$\boxed{} + \boxed{} = 10$$

9 (4점)

$$10 - \boxed{} = \boxed{}$$

10 (4점) 계산 결과가 나머지 넷과 다른 하나는 어느 것인가요? (   )

① 3+7   ② 9+1
③ 1+8   ④ 5+5
⑤ 0+10

11 (4점) 계산 결과가 가장 큰 것을 찾아 기호를 쓰세요.

㉠ 10-6   ㉡ 10-1
㉢ 10-2   ㉣ 10-4

(   )

12 (4점) 그림을 보고 □ 안에 알맞은 수를 써넣으세요.

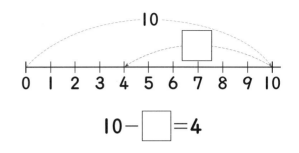

$$10 - \boxed{} = 4$$

13 (4점) 빈 곳에 알맞은 수를 써넣으세요.

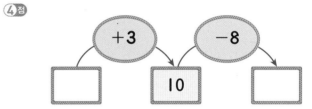

14 (4점) 지혜와 예슬이의 나이의 합은 10살입니다. 지혜가 8살이면 예슬이는 몇 살인가요?

(   )살

15 (4점) 접시가 10개 있었습니다. 그중에서 몇 개가 깨져서 6개가 남았습니다. 깨진 접시는 몇 개인가요?

(   )개

단원 **2**

16 □ 안에 들어갈 수가 가장 큰 것부터
(4점) 차례대로 기호를 쓰세요.

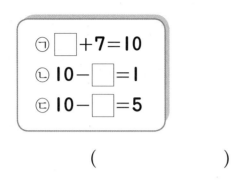

ㄱ □ +7=10

ㄴ 10− □ =1

ㄷ 10− □ =5

(   )

17 합이 10이 되는 두 수를 ⎯ 로 묶고,
(4점) 세 수의 합을 □ 안에 써넣으세요.

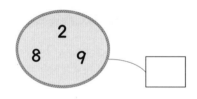

18 합이 10이 되는 두 수에 색칠하고 세
(4점) 수의 합을 빈 곳에 써넣으세요.

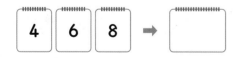

4   6   8   ➡

19 세 수의 합이 17이 되도록 하려고 합니
(4점) 다. 빈 곳에 알맞은 수를 써넣으세요.

5   5

20 세 수의 합이 16이 되는 세 수를 골라
(4점) ○ 하세요.

2   3   6   7   9

21 어머니께서 배 몇 개를 사 오셨습니다.
(4점) 이 중에서 내가 3개를 먹었고, 동생이
2개를 먹었더니 8개가 남았습니다.
어머니께서 사 오신 배는 몇 개인가요?

(   )개

22 계산 과정이 잘못된 곳을 찾아 바르게
⑤점 고치고, 그 이유를 설명하세요.

$$9 - 4 - 1 = 6$$

3

6

풀이

23 계산 결과가 홀수인 것을 찾아 기호를
⑤점 쓰려고 합니다. 풀이 과정을 쓰고 답을
구하세요.

ㄱ 3+2+1   ㄴ 4+2+2
ㄷ 7-3-1   ㄹ 9-3-4

풀이

답

24 유승이는 8살이고, 누나는 유승이보다
⑤점 2살 더 많습니다. 동생이 누나보다 5살
더 적다면 동생의 나이는 몇 살인지
풀이 과정을 쓰고 답을 구해 보세요.

풀이

답   살

25 한별이와 한솔이는 각각 사탕을 10개씩
⑤점 가지고 있었습니다. 한별이는 4개를
먹었고, 한솔이는 한별이보다 2개 더
많이 먹었습니다. 한솔이가 먹고 남은
사탕은 몇 개인지 풀이 과정을 쓰고 답을
구하세요.

풀이

답   개

👑 화살표 방향에 따라 구슬은 모두 몇 개 있는지 구해 보세요. [1~3]

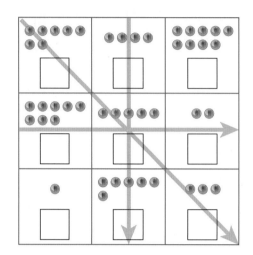

① □ 안에 구슬의 수를 알맞게 써넣으세요.

② →, ↓, ↘ 방향의 구슬의 수를 구하는 식을 써 보세요.

→ 방향 : □ + □ + □ = □

↓ 방향 : □ + □ + □ = □

↘ 방향 : □ + □ + □ = □

③ 위 2의 식을 어떻게 계산하였는지 말해 보세요.

양로원에 봉사 가는 날

내일은 예슬이네 반 어린이들이 양로원으로 봉사 활동을 가는 날입니다.

예슬이와 친구들은 양로원에 계시는 할아버지와 할머니를 즐겁게 해 드리기

위해 기쁜 마음으로 여러 가지를 준비했습니다.

우선, 선생님께서 양로원을 깨끗이 청소할 친구들을 정하자고 하셨습니다.

"청소를 하고 싶은 어린이, 손들어 볼까요?"

"저요! 저요!"

모두 10명의 어린이가 손을 들었는데 그중 남자 어린이는 4명,

여자 어린이는 6명이었습니다.

"자, 그럼 청소는 남자 어린이 4명과 여자 어린이 6명, 모두

10명이 하기로 해요."

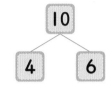

이번에는 간식을 준비해 올 친구들을 정했습니다.

"간식을 준비해 올 친구, 손들어 보세요."

"저요! 저요!"

이번에는 남학생 7명만 손을 들었습니다. 그러자 선생님께서 말씀하셨습니다.

"모두 10명이 준비해 오면 좋겠는데 여자 어린이 중에 간식을 준비해 올 친구

없나요? 3명만 더 손을 들어 보세요."

예슬이와 가영, 지혜가 손을 들었습니다.

"좋아요. 그럼 간식 준비는 남자 어린이 7명과 여자 어린이

3명, 모두 10명이 하는 거에요."

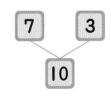

드디어 양로원으로 봉사하러 가는 날이 되었어요.

예슬이와 가영, 지혜는 사과를 준비해 왔는데 예슬이와 가영이는 5개씩, 지혜는

3개를 준비해 왔습니다. 선생님께서 말씀하셨습니다.

"사과가 모두 몇 개일까요?"

예슬이는 다음과 같이 계산해 보았습니다.

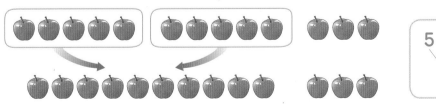

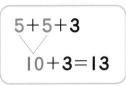

$$5+5+3$$
$$10+3=13$$

"저와 가영이가 가져온 사과의 수를 더하면 10개이고, 여기에 지혜가 가져온 사과 3개를 더하면 모두 13개예요!"

"잘했어요. 이렇게 세 수 더하기를 할 때에는 10이 되는 두 수를 먼저 더하고 나머지 수를 더하면 쉽게 계산할 수 있어요."

예슬이는 다른 친구들이 준비해 온 빵과 주스도 이와 같은 방법으로 세어 보았습니다.

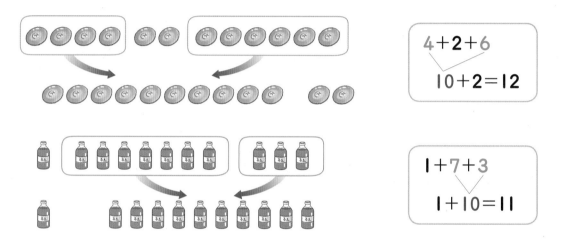

$$4+2+6$$
$$10+2=12$$

$$1+7+3$$
$$1+10=11$$

잠시 후, 예슬이와 친구들은 준비한 간식들을 가지고 양로원으로 향했습니다.
이렇게 많은 간식을 준비하고 할아버지, 할머니를 뵈러 가는 길은 너무나 행복했습니다.

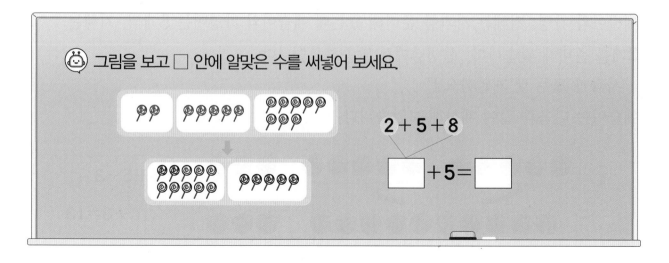

그림을 보고 □ 안에 알맞은 수를 써넣어 보세요.

$$2+5+8$$
$$\boxed{}+5=\boxed{}$$

단원  3 모양과 시각

⟨ 이전에 배운 내용

• 🔷, 🛢, ⚪ 모양 찾기

• 🔷, 🛢, ⚪ 모양을 이용하여 여러 가지 모양 만들기

⟩ 다음에 배울 내용

• 삼각형, 사각형, 원을 이해하고 그리기

• 삼각형, 사각형에서 공통점을 찾고 일반화하여 오각형, 육각형 알기

여러 가지 모양 찾아보기

교실에서 ■, ▲, ● 모양의 물건을 찾아봅니다.

■ 모양	창문, 책상, 칠판, 달력, 태극기, 시간표 등
▲ 모양	삼각자
● 모양	시계

개념잡기

우리 주변에서 ■, ▲, ● 모양의 물건을 찾아봅니다.

예 ■ 모양 : 휴대전화, 수학책   ▲ 모양 : 트라이앵글, 삼각자   ● 모양 : 동전, 피자

---

1 개념확인   ■ 모양의 물건을 찾아 ○ 하세요.

2 개념확인   ▲ 모양의 물건을 찾아 ○ 하세요.

3 개념확인   ● 모양의 물건을 찾아 ○ 하세요.

기본 문제를 통해 교과서 개념을 다져요.

1 물건에서 찾을 수 있는 모양에 ○ 하세요.

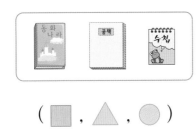

(■ , ▲ , ●)

2 왼쪽과 같은 모양의 물건을 찾아 ○ 하세요.

(1)

(2)

(3)

3 모양이 같은 것끼리 선으로 이어 보세요.

4 그림을 보고 물음에 답하세요.

(1) ■ 모양을 모두 찾아 기호를 쓰세요.

( )

(2) ▲ 모양을 모두 찾아 기호를 쓰세요.

( )

(3) ● 모양을 모두 찾아 기호를 쓰세요.

( )

5 그림을 보고 같은 모양끼리 모아 빈칸에 기호를 써넣으세요.

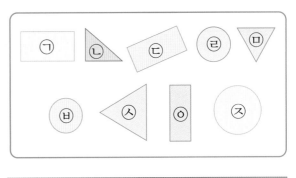

■ 모양	
▲ 모양	
● 모양	

단원 3

❸ 여러 가지 모양 알아보기

여러 가지 물건들을 종이 위에 대고 본을 뜨면 다음과 같은 모양이 나옵니다.

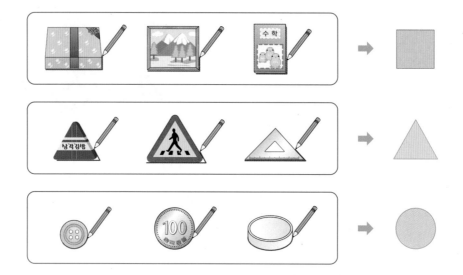

개념잡기

- ■ 모양은 뾰족한 곳이 **4**군데입니다.
- ▲ 모양은 뾰족한 곳이 **3**군데입니다.
- ● 모양은 뾰족한 곳이 없습니다.

1
개념확인

물감을 묻혀 찍을 때 나올 수 있는 모양을 찾아 선으로 이어 보세요.

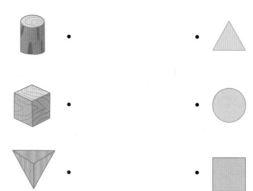

2
개념확인

□ 안에 알맞은 수를 써넣으세요.

■ 모양은 뾰족한 곳이 □군데, ▲ 모양은 뾰족한 곳이 □군데이고
● 모양은 뾰족한 곳이 없습니다.

기본 문제를 통해 교과서 개념을 다져요.

1 국어사전을 종이 위에 대고 본뜬 모양을 찾아 ○표 하세요.

 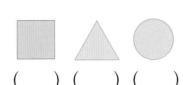

( ) ( ) ( )

2 동전을 종이 위에 대고 본뜬 모양을 찾아 ○표 하세요.

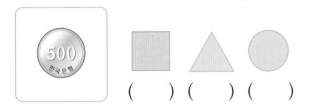

( ) ( ) ( )

3 삼각자를 종이 위에 대고 본뜬 모양을 찾아 ○표 하세요.

 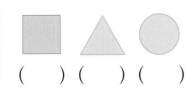

( ) ( ) ( )

4 본뜬 모양이 ⬤ 모양인 물건을 모두 고르세요. ( )

①

②

③

④

⑤

다음 설명에 맞는 모양을 찾아 ○표 하세요.

[5~6]

5 뾰족한 부분이 **3**군데 있습니다.

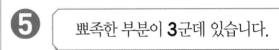

( ) ( ) ( )

6 뾰족한 부분이 한 군데도 없습니다.

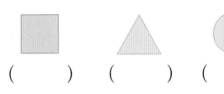

( ) ( ) ( )

단원 **3**

○ 여러 가지 모양으로 꾸미기

■, ▲, ● 모양을 이용하여 여러 가지 모양을 꾸밀 수 있습니다.

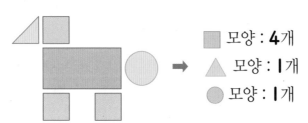

■ 모양 : **4**개

▲ 모양 : **1**개

● 모양 : **1**개

---

1 개념확인

■, ▲, ● 모양을 이용하여 강아지 모양을 꾸몄습니다. □ 안에 알맞은 모양을 그려 보세요.

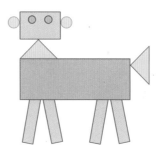

(1) 강아지의 얼굴은 □ 모양과 □ 모양으로 꾸몄습니다.

(2) 강아지의 다리는 □ 모양으로 꾸몄습니다.

(3) 강아지의 목과 꼬리는 □ 모양으로 꾸몄습니다.

2 개념확인

■, ▲, ● 모양으로 다음과 같이 꾸몄습니다. 각 모양의 개수를 세어 □ 안에 안에 알맞은 수를 써넣으세요.

■ 모양 : □ 개

▲ 모양 : □ 개

● 모양 : □ 개

👑 ■, ▲, ● 모양을 이용하여 집 모양을 꾸몄습니다. 물음에 답하세요. [1~3]

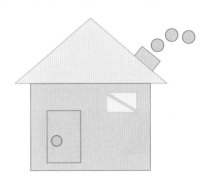

1 지붕과 창문을 꾸미는 데 사용한 모양을 찾아 ○표 하세요.

(   ) (   ) (   )

2 문고리와 연기를 꾸미는 데 사용한 모양을 찾아 ○표 하세요.

(   ) (   ) (   )

3 집 모양을 꾸미는 데 사용한 ■, ▲, ● 모양은 각각 몇 개인가요?

■ 모양 : (   )개

▲ 모양 : (   )개

● 모양 : (   )개

⭐중요

4 ■, ▲, ● 모양을 이용하여 다음과 같은 모양을 꾸몄습니다. □ 안에 알맞은 수를 써넣으세요.

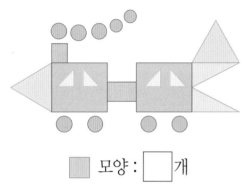

■ 모양 : □ 개

▲ 모양 : □ 개

● 모양 : □ 개

5 보기 의 모양을 모두 이용하여 접시를 꾸며 보세요.

보기

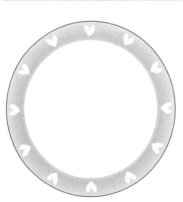

단원 3

유형 **1**   **여러 가지 모양 찾아보기**

모양	수학책, 휴대전화, 수첩
△ 모양	삼각자, 삼각김밥
● 모양	동전, 바퀴

1-1 다음 중 △ 모양의 물건은 어느 것인가요? (   )

①
②
③
④
⑤

1-2 ● 모양의 물건이 아닌 것을 찾아 기호를 쓰세요.

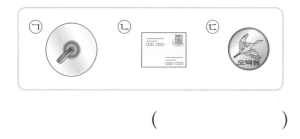

(   )

대표유형

1-3 주어진 모양의 물건을 모두 찾아 기호를 써 보세요.

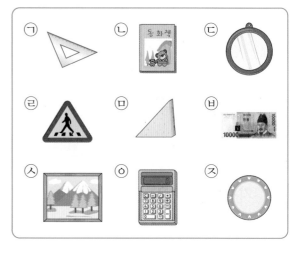

■ 모양 : (   )

△ 모양 : (   )

● 모양 : (   )

시험에 잘 나와요

1-4 그림을 보고 물음에 답하세요.

(1) ■ 모양은 모두 몇 개인가요?

(   )개

(2) △ 모양은 모두 몇 개인가요?

(   )개

(3) ● 모양은 모두 몇 개인가요?

(   )개

1-5 같은 모양의 물건끼리 모아 놓은 것에 ◯표 하세요.

( )

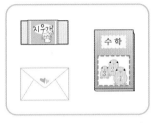

( )

( )

1-6 같은 모양의 단추끼리 모아 보고 그 개수를 세어 보세요.

◼ 모양 : ☐ 개

▲ 모양 : ☐ 개

● 모양 : ☐ 개

유형 2 여러 가지 모양 알아보기

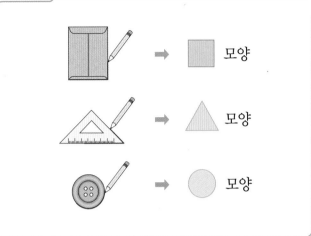

◀**대표유형**

2-1 관계있는 것끼리 선으로 이어 보세요.

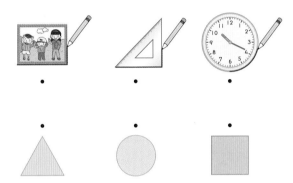

2-2 오른쪽 물건을 종이 위에 대고 본뜬 모양을 찾아 기호를 쓰세요.

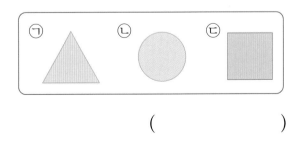

( )

2-3 다음 중 종이 위에 대고 본뜬 모양이 <u>다른</u> 것은 어느 것인가요? (   )

①
②
③
④
⑤

2-4 여러 가지 물건을 이용하여 모양 찍기를 하려고 합니다. ▦, ▲, ● 모양을 찍기 위해 필요한 물건을 찾아 선으로 이어 보세요.

  ·   · ▲

  ·   · ■

  ·   · ●

2-5 점 종이 위에 서로 다른 ▦ 모양을 **3**개 그려 보세요.

```
· · · · · · · ·
· · · · · · · ·
· · · · · · · ·
· · · · · · · ·
```

👑 그림을 보고 ☐ 안에 알맞은 수를 써넣으세요.

[2-6~2-8]

2-6 본을 떴을 때 반듯한 선이 **4**개 있는 물건을 모두 찾아 기호를 써 보세요.

(   )

2-7 본을 떴을 때 뾰족한 부분이 **3**개 있는 물건을 모두 찾아 기호를 써 보세요.

(   )

2-8 본을 떴을 때 반듯한 선과 뾰족한 부분이 없는 물건을 모두 찾아 기호를 써 보세요.

(   )

2-9 ▦ 모양과 ● 모양의 차이점을 설명해 보세요.

_____

_____

유형 3 · 여러 가지 모양으로 꾸미기

■, ▲, ● 모양을 이용하여 여러 가지 모양을 꾸밀 수 있습니다.

◀ 대표유형 ▶

3-1 다음 그림에 사용된 ■, ▲, ● 모양의 개수를 각각 세어 보세요.

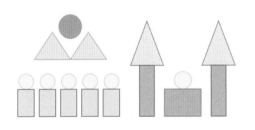

■ 모양 : ☐ 개

▲ 모양 : ☐ 개

● 모양 : ☐ 개

◀ 시험에 잘 나와요 ▶

3-2 색종이로 다음과 같은 모양을 꾸몄습니다. 가장 많이 사용한 모양에 ◯ 하세요.

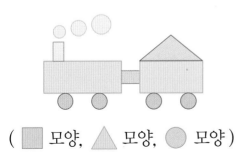

(■ 모양, ▲ 모양, ● 모양)

3-3 주어진 모양을 모두 이용하여 꾸밀 수 있는 그림은 ◯표, 꾸밀 수 없는 그림은 ×표 하세요.

(1)

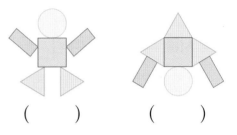

(   )   (   )

(2)

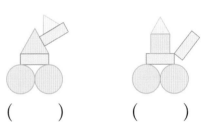

(   )   (   )

3-4 ■, ▲, ● 모양의 색종이나 모양자를 이용하여 어항을 꾸며 보세요.

단원 3

○ 몇 시 알아보기

시계의 긴바늘이 12를 가리킬 때 몇 시를 나타냅니다.

- 짧은바늘이 8을 가리킵니다.
- 긴바늘이 12를 가리킵니다.
- 왼쪽의 시계는 8시를 나타내고 여덟 시라고 읽습니다.

○ 몇 시를 시계에 나타내기

- 시계의 짧은바늘이 '몇 시'를 나타내는 숫자를 가리키도록 그리고, 긴바늘이 12를 가리키도록 그립니다.

5시는 짧은바늘이 5, 긴바늘이 12를 가리키도록 그립니다.

개념잡기

긴바늘이 12를 가리킬 때

짧은 바늘이 가리키는 숫자	1	2	3	4	5	6	7	8	9	10	11	12
읽기	한 시	두 시	세 시	네 시	다섯 시	여섯 시	일곱 시	여덟 시	아홉 시	열 시	열한 시	열두 시

1 개념확인

시계를 보고 영수는 몇 시에 일어났는지 알아보세요.

(1) 짧은바늘이 어떤 숫자를 가리키고 있나요?

(   )

(2) 긴바늘이 어떤 숫자를 가리키고 있나요?

(   )

(3) 영수는 몇 시에 일어났나요?

(   )시

기본 문제를 통해 교과서 개념을 다져요.

1 시계를 보고 □ 안에 알맞은 수를 써넣으세요.

시계의 짧은바늘이 □, 긴바늘이

□ 를 가리키므로 □ 시입니다.

시계를 보고 몇 시인지 써 보세요. [2~3]

2

□ 시

3

□ 시

4 관계있는 것끼리 선으로 이어 보세요.

 ·   ·

 ·   ·

⭐중요

5 시곗바늘을 그려 넣고, 몇 시인지 써 보세요.

긴바늘 : **12**
짧은바늘 : **11**

□ 시

6 5시에 맞도록 시계에 나타내 보세요.

5시

◔ 몇 시 30분 알아보기

시계의 긴바늘이 **6**을 가리킬 때 몇 시 **30**분을 나타냅니다.

- 짧은바늘이 **1**과 **2** 사이를 가리킵니다.
- 긴바늘이 **6**을 가리킵니다.
- 왼쪽의 시계는 **1**시 **30**분을 나타내고 한 시 삼십 분이라고 읽습니다.

◔ 몇 시 30분을 시계에 나타내기

- 시계의 짧은바늘이 숫자와 숫자 사이를 가리키도록 그리고, 긴바늘이 **6**을 가리키도록 그립니다.

4시 **30**분은 짧은바늘이 **4**와 **5** 사이, 긴바늘이 **6**을 가리키도록 그립니다.

- **4**시 **30**분, **5**시 **30**분 등을 '시각'이라고 합니다.

개념잡기

- 몇 시 30분은 '몇 시 반'이라고도 읽습니다.

개념확인 1

시계를 보고 어머니는 몇 시 몇 분에 청소를 시작했는지 알아보세요.

(1) 짧은바늘이 어떤 숫자와 어떤 숫자 사이를 가리키고 있나요?

(　　　　　　)과 (　　　　　　) 사이

(2) 긴바늘이 어떤 숫자를 가리키고 있나요?

(　　　　　　)

(3) 어머니는 몇 시 몇 분에 청소를 시작했나요?

(　　　　　　)시 (　　　　　　)분

중요

기본 문제를 통해 교과서 개념을 다져요.

1 시각을 바르게 쓴 것에 ○표, 잘못 쓴 것에 ×표 하세요.

(1)
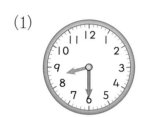

7시 30분

( )

(2)
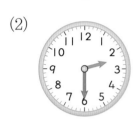

2시 30분

( )

 시각을 써 보세요. [2~3]

2

□시 □분

3

□시 □분

4 효근이는 10시 30분에 잠자리에 들었습니다. 물음에 답하세요.

(1) 알맞은 수에 ○ 하세요.

10시 30분을 나타낼 때에는 짧은바늘이 10과 (**9**, **11**) 사이, 긴바늘이 (**3**, **6**)을 가리키도록 그립니다.

(2) 10시 30분이 되도록 짧은바늘을 그려 넣어 보세요.

시각을 시계에 알맞게 나타내 보세요.

[5~6]

5

6
5:30

단원 3

유형 **4** 몇 시 알아보기

긴바늘이 **12**를 가리키면 '몇 시'입니다.

짧은바늘이 **7**, 긴바늘이 **12**를 각각 가리키므로 **7**시입니다.

대표유형

4-1 몇 시인지 읽어 보세요.

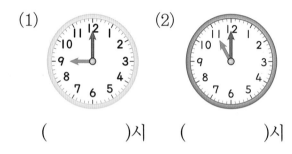

(1)　(　　)시　　(2)　(　　)시

4-2 지혜가 숙제를 시작한 것은 몇 시인가요?

숙제 시작

(　　)시

4-3 각각 몇 시인지 알아보고 나머지 둘과 다른 하나를 찾아 기호를 써 보세요.

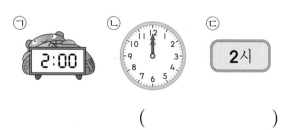

(　　)

4-4 긴바늘을 알맞게 그려 넣으세요.

3시 ➡

4-5 짧은바늘을 알맞게 그려 넣으세요.

10시 ➡

시험에 잘 나와요

4-6 시곗바늘을 알맞게 그려 넣으세요.

2:00 ➡

4-7 석기는 **6**시에 운동을 시작했습니다. 석기가 운동을 몇 시에 시작했는지 시계에 알맞게 나타내 보세요.

유형 **5** 몇 시 30분 알아보기

긴바늘이 **6**을 가리키면 '몇 시 **30**분'입니다.

짧은바늘이 **1**과 **2** 사이, 긴바늘이 **6**을 가리키므로 **1**시 **30**분입니다.

5-1 ○ 안에 알맞은 수를 써넣으세요.

◀대표유형▶

5-2 시각을 써 보세요.

(   )시 (   )분

5-3 동민이가 축구를 시작한 시각은 몇 시 몇 분인가요?

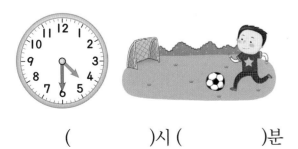

(   )시 (   )분

5-4 **11**시 **30**분을 나타내는 시계를 찾아 기호를 써 보세요.

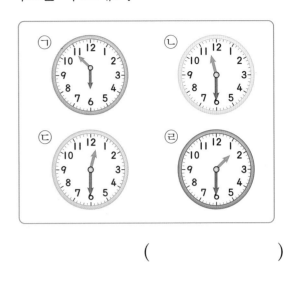

(   )

5-5 지금 시각은 **2**시 **30**분입니다. 시계의 긴바늘은 어떤 숫자를 가리키고 있나요?

(   )

5-6 시각에 맞도록 짧은바늘을 그려 넣으세요.

5-7 시각에 맞도록 시계에 나타내 보세요.

5-8 가영이는 숙제를 **3**시에 시작하여 **4**시 **30**분에 마쳤습니다. 숙제를 시작한 시각과 마친 시각을 각각 시계에 나타내 보세요.

시작한 시각 　　　마친 시각

5-9 **3**시와 **9**시 사이의 시각 중 '몇 시 **30**분'인 시각은 모두 몇 번 있는지 구해 보세요.

(　　　　)번

5-10 다음과 같이 설명하는 시각을 써 보세요.

> • 시계의 긴바늘이 **6**을 가리킵니다.
> • **5**시보다 늦고 **6**시보다 빠른 시각입니다.

(　　　)시 (　　　)분

5-11 유승이는 **3**시에서 **30**분이 지난 시각에 집에 도착했습니다. 유승이가 집에 도착한 시각을 써보세요.

(　　　)시 (　　　)분

5-12 **2**시와 **5**시 사이의 시각이 <u>아닌</u> 것을 찾아 기호를 쓰세요.

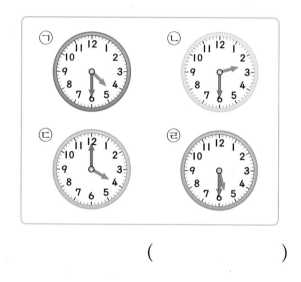

(　　　　)

5-13 시곗바늘이 <u>잘못</u> 그려진 시계를 찾아 ○표 하세요.

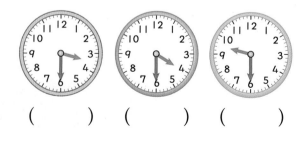

(　　) (　　) (　　)

👑 그림을 보고 물음에 답하세요. [1~2]

1 ■, ▲, ● 모양의 물건은 각각 몇 개인가요?

■ 모양 : (   )개

▲ 모양 : (   )개

● 모양 : (   )개

2 가장 많은 모양은 가장 적은 모양보다 몇 개 더 많나요?

(   )개

3 물감을 묻혀 찍기를 할 때 나올 수 있는 모양을 모두 찾아 ○표 하세요.

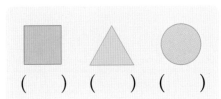

(   ) (   ) (   )

4 점 종이 위에 ■ 모양 **1**개와 크기가 다른 ▲ 모양 **2**개를 그려 보세요.

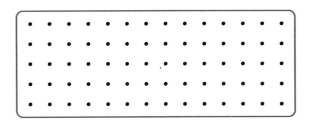

5 그림을 옳게 설명하고 있는 친구를 찾아 이름을 쓰세요.

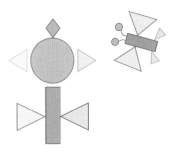

한별 : 꽃은 ■, ▲, ● 모양이 모두 있어.

가영 : 나비는 ■, ▲ 모양으로 되어 있어.

(   )

6 다음과 같이 두부를 잘랐을 때, 나타나는 모양에 ○표 하세요.

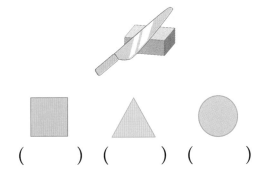

(   ) (   ) (   )

단원
3

7 설명하는 모양을 각각 찾아 선으로 이어 보세요.

뽀족한 부분이
세 군데 있습니다. •

뽀족한 부분이
한 군데도 없습니다. •

뽀족한 부분이
네 군데 있습니다. •

8 여러 가지 모양의 흔적이 있습니다. ■, ▲, ● 모양은 각각 몇 개인지 세어 보세요.

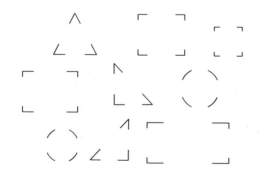

모양	■	▲	●
개수(개)			

9 색종이를 점선을 따라 잘랐을 때, 생기는 ■ 모양은 모두 몇 개인가요?

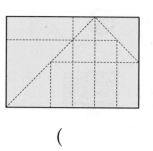

( )개

10 색종이를 다음과 같이 접은 다음 펼쳐서 접힌 선을 따라 잘랐을 때, 생기는 ▲ 모양은 모두 몇 개인가요?

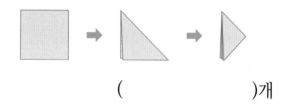

( )개

11 면봉으로 다음과 같은 모양을 만들었습니다. 이 모양에 면봉 **4**개를 더 놓아서 작은 ■ 모양을 **4**개 만들어 보세요.

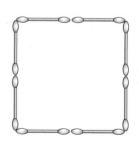

12 다음 중 시계의 짧은바늘이나 긴바늘이 **6**을 가리키지 <u>않는</u> 시각은 어느 것인가요? (   )

① **12**시 **30**분 ② **2**시 **30**분
③ **4**시 **30**분 ④ **6**시
⑤ **8**시

13 시계의 짧은바늘과 긴바늘이 동시에 **12**를 가리키는 시각을 써보세요.

(   )시

14 다음은 방과 후 어떤 시각을 나타낸 것입니다. 시각을 시계에 나타내고, 이 시각에 하고 싶은 일을 써 보세요.

3시 30분

15 시계를 보고 계획표대로 하였는지 알아본 다음 알맞은 것에 ◯ 하세요.

자연사 박물관 도착	공룡 구경	점심 식사	집 도착
10시	10시 30분	1시	2시 30분

(예 , 아니요).   (예 , 아니요).

(예 , 아니요).   (예 , 아니요).

16 방과 후 교실에서 오늘 과제를 마친 시각을 각각 나타내었습니다. 과제를 가장 먼저 마친 사람부터 차례대로 이름을 써 보세요.

동민   효근   영수

(   )

17 그림을 보고 물음에 답하세요.

(1) 거북이는 토끼를 몇 시 몇 분에 만났나요?

( )시 ( )분

(2) 토끼는 용왕을 몇 시에 만났나요?

( )시

(3) 토끼가 숲으로 돌아간 시각은 **2**시 **30**분입니다. 이 시각을 위 시계에 나타내 보세요.

18 지혜는 **3**시 **30**분부터 **30**분 동안 위인전을 읽었습니다. 지혜가 위인전 읽기를 마친 시각을 시계에 나타내 보세요.

19 시계를 거울에 비추어 보았더니 오른쪽과 같았습니다. 이 시계가 나타내는 시각은 몇 시 몇 분인가요?

( )시 ( )분

20 상연이가 일어난 시각을 설명한 것입니다. 몇 시 몇 분인가요?

• **7**시보다 늦고 **8**시보다 빠른 시각입니다.
• 긴바늘이 **6**을 가리킵니다.

( )시 ( )분

21 **4**시보다 늦고 **8**시보다 빠른 시각 중에서 긴바늘이 **12**를 가리키는 시각은 모두 몇 번 있나요?

( )번

유형 1

색종이로 꾸민 모양에서 가장 많이 사용한 모양은 어떤 모양인지 풀이 과정을 쓰고 답을 구하세요.

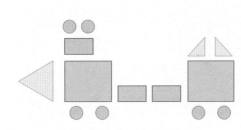

단원
3

풀이  ▦ 모양은 ☐ 개, ▲ 모양은 ☐ 개, ● 모양은 ☐ 개 사용하였습니다.

따라서 가장 많이 사용한 모양은 ☐ 모양입니다.

답 _____ ☐ 모양

예제 1

색종이로 꾸민 모양에서 가장 많이 사용한 모양은 어떤 모양인지 풀이 과정을 쓰고 답을 구하세요. [5점]

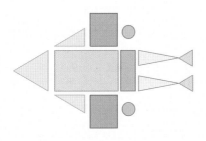

풀이

_____

_____

_____

_____

답 _____ 모양

서술 유형 익히기

유형 **2**

지금은 **1**시입니다. 잘못된 곳을 바르게 고쳐서 오른쪽 시계에 나타내고, 그 이유를 설명하세요.

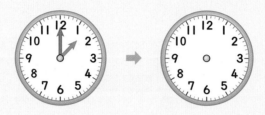

✏️ 풀이

1시는 시계의 짧은바늘이 ☐과 ☐ 사이를 가리키는 것이 아니라

☐을 가리켜야 합니다.

예제 **2**

지금은 **5**시 **30**분입니다. 잘못된 곳을 바르게 고쳐서 오른쪽 시계에 나타내고, 그 이유를 설명하세요. [5점]

✏️ 풀이

_____

_____

_____

_____

놀이 수학

👑 가영이와 지혜가 다음과 같은 놀이를 하려고 합니다. 물음에 답하세요. [1~2]

단원
3

놀이 방법

〈준비물〉 시계 그림 카드, 시각 카드

〈놀이 방법〉

① 시계 그림 카드와 시각 카드를 골고루 섞어 뒤집어 놓습니다.

② 한 사람씩 번갈아 가며 한 번에 시계 그림 카드 1장과 시각 카드 1장을 뒤집습니다.

③ 뒤집은 두 장의 카드가 나타내는 시각이 같으면 두 카드를 모두 가져갑니다.

④ 더 많은 카드를 가져간 사람이 이깁니다.

1 가영이와 지혜가 뒤집은 시계 그림 카드와 시각 카드입니다. 가영이가 가져간 카드와 지혜가 가져간 카드는 각각 몇 장인가요?

횟수	가영		지혜	
1	(시계 2:30)	2:30	(시계 10:30)	10:30
2	(시계 4:00)	4:30	(시계 7:30)	7:30
3	(시계 6:00)	5:00	(시계 9:00)	9:00
4	(시계 7:30)	7:30	(시계 11:00)	12:00

가영 (   )장, 지혜 (   )장

2 가영이와 지혜 중 놀이에서 이긴 사람은 누구인가요?

(   )

1 다음 중 ▦ 모양의 물건은 어느 것인가
③점 요? ( )

① 삼각자   ② 탬버린   ③ 동전
④ 수학책   ⑤ 옷걸이

2 다음 물건 중 공통으로 찾을 수 있는
③점 모양에 ○ 하세요.

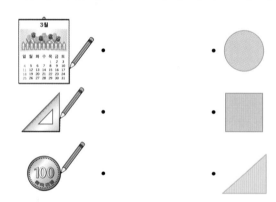

(▦ , ▲ , ●)

3 물건을 종이 위에 대고 본을 뜨면 어떤
③점 모양이 되는지 선으로 각각 이어 보세요.

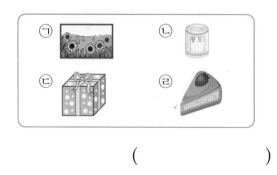

4 ▦ 모양을 찾을 수 없는 물건을 찾아
③점 기호를 쓰세요.

( )

5 뾰족한 부분이 없는 ● 모양을 모두
④점 찾아 색칠해 보세요.

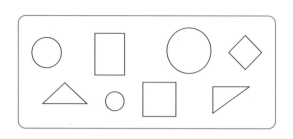

👑 색종이로 다음과 같은 모양을 꾸몄습니다.
물음에 답하세요. [6~9]

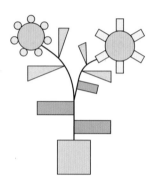

6 ▦ , ▲ , ● 모양은 각각 몇 개인
④점 가요?

▦ 모양 : ( )개

▲ 모양 : ( )개

● 모양 : ( )개

7 가장 많이 사용한 모양은 어떤 모양인
④점 가요?

( ) 모양

8 가장 적게 사용한 모양은 어떤 모양인
④점 가요?

( ) 모양

9 ● 모양은 ▲ 모양보다 몇 개 더 많이 사용했나요?
(4점)

(   )개

👑 색종이를 그림과 같이 점선을 따라 잘랐습니다. 물음에 답하세요. [10~11]

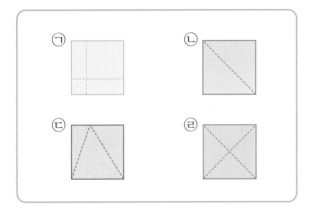

10 ■ 모양이 만들어지는 것을 찾아 기호
(4점) 를 쓰세요.

(   )

11 ▲ 모양이 가장 많이 나오는 것을 찾아
(4점) 기호를 쓰세요.

(   )

12 오른쪽 시계의 시각을
(4점) 바르게 읽은 것은 어느 것인가요? (   )

① 1시   ② 2시   ③ 10시
④ 11시   ⑤ 12시

13 시계를 보고 알맞은 시각을 쓰세요.
(4점)

(   )시 (   )분

단원 3

14 시각에 맞도록 짧은바늘을 그려 넣으
(4점) 세요.

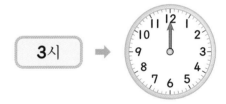

3시 ➡

15 8시 30분을 나타내는 시계를 모두 찾
(4점) 아 기호를 쓰세요.

⊙   ⓒ

ⓒ 8:30   ⓔ 3:30

(   )

16 같은 시각끼리 선으로 각각 이어 보세요.
(4점)

 • •

 • •

 • •

👑 그림을 보고 □ 안에 알맞은 수를 써넣으세요. [17~18]

17
(4점)

동민이는 □시에 학교에 도착했습니다.

18
(4점)

한별이는 □시 □분에 텔레비전을 보기 시작했습니다.

19 시계의 긴바늘이 **6**을 가리키고 있는
(4점) 시각을 모두 찾아 쓰세요. ( )

① **2**시 ② **8**시

③ **8**시 **30**분 ④ **9**시

⑤ **10**시 **30**분

20 긴바늘이 **6**, 짧은바늘이 **9**와 **10** 사이
(4점) 를 가리키고 있는 시각은 몇 시 몇 분인가요?

( )시 ( )분

21 효근이는 오늘 **3**시부터 수영을 시작
(4점) 하였습니다. 시계의 긴바늘이 한 바퀴 도는 동안 수영을 하였다면 효근이가 수영을 마친 시각은 몇 시인가요?

( )시

22 그림에서 찾을 수 있는 크고 작은 모양은 모두 몇 개인지 풀이 과정을 쓰고 답을 구하세요.

⑤점

풀이

_____

_____

_____

답 _____ 개

23 색종이로 다음과 같은 모양을 꾸몄습니다. 가장 많이 사용한 모양은 가장 적게 사용한 모양보다 몇 개 더 많은지 풀이 과정을 쓰고 답을 구하세요.

⑤점

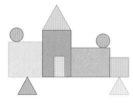

풀이

_____

_____

_____

답 _____ 개

24 가영, 지혜, 석기가 오늘 아침에 일어난 시각을 나타내었습니다. 가장 일찍 일어난 사람은 누구인지 풀이 과정을 쓰고 답을 구하세요.

⑤점

| 가영 | 지혜 | 석기 |

풀이

_____

_____

_____

답 _____

25 다음과 같이 설명하는 시각은 몇 시 몇 분인지 풀이 과정을 쓰고 답을 구하세요.

⑤점

> • 4시보다 늦고 5시보다 빠릅니다.
> • 시계의 긴바늘이 6을 가리킵니다.

풀이

_____

_____

_____

답 _____ 시 _____ 분

탐구 수학

① ■, ▲, ● 모양을 이용하여 내가 꾸민 모양을 발표해 보세요.

내가 꾸민 모양 :

② 내가 꾸민 모양에 사용된 ■, ▲, ● 모양의 수를 각각 세어 보세요.

■ 모양 : (   )개

▲ 모양 : (   )개

● 모양 : (   )개

생활 속의 수학

도장 가게 할아버지의 작품

우리 마을 입구에는 작은 도장 가게가 하나 있습니다. 그곳에는 하얀 수염을 덥수룩하게 하고 있는 할아버지가 계십니다. 어머니 말씀으로는 내가 태어나기 훨씬 전부터 그곳에서 도장을 만들고 계셨다고 합니다.

도장 가게 할아버지는 어린이들에게 매우 친절하십니다. 항상 어린이들이 지나갈 때마다 손을 흔들어 주시고, 또 맛있는 사탕이나 과자가 생기면 늘 마을 어린이들에게 나누어 주시곤 한답니다.

하루는 어머니께서 도장을 만들기 위해 저와 함께 할아버지의 도장 가게에 간 적이 있었습니다. 할아버지께서는 도장을 열심히 만들고 계셨습니다.

"할아버지, 어떤 모양의 도장을 만들고 계셔요?"

"글쎄, 한 번 맞춰 볼래? 할아버지가 문제를 내어보마."

"네! 와, 재밌겠다."

"할아버지가 벽에 걸려 있는 시계 모양, 음악을 듣는 CD 모양, 동전 모양과 같은 모양이 나오도록 도장을 만들었다. 그다음, 도장을 꾹! 하고 찍으면 어떤 모양이 나올까?"

"⬤ 모양이 나올 것 같아요."

"그래, 잘 맞췄구나."

"이번엔 할아버지가 다른 도장을 만들어 볼게. TV, 수학책, 태극기 모양을 본떠 도장을 만들어 찍는다면 어떤 모양이 나올 것 같니?"

"음, 모양들이 비슷하긴 한데. 어떤 모양일까? 맞다! ▦ 모양이요."

"똑똑하구나."

   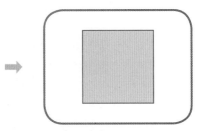

"마지막으로 한 문제 더 만들어 볼게. 삼각자, 삼각김밥, 횡단보도 표지판과 같은 모양이 나오도록 도장을 만든 다음, 도장을 찍으면 어떤 모양이 나올 것 같니?"

"글쎄요, 모양들의 비슷한 점을 잘 살펴봐야겠어요. 어떤 점이 비슷할까?"

    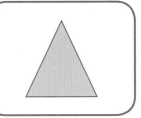

"어떤 모양을 하고 있는지 특징을 잘 살펴보렴."

"아, 알겠어요. 모두 ◮ 모양이에요."

"우리 친구 정말 똑똑하구나."

나는 할아버지와 함께한 도장 모양 맞추는 시간이 너무나도 즐거웠습니다. 이제는 주변에 있는 여러 물건을 볼 때마다 어떤 모양을 하고 있는지 잘 살펴봐야겠습니다.

우리 주변에서 찾을 수 있는 ▦, ◮, ◯ 모양의 물건은 어떤 것들이 있는지 이야기해 보세요.

단원 4 **덧셈과 뺄셈(2)**

이번에 배울 내용

< **이전에 배운 내용**

· 10이 되는 더하기
· 10에서 빼기
· 세 수의 덧셈과 뺄셈

> **다음에 배울 내용**

· 두 자리 수의 범위에서 받아올림이
 없는 덧셈과 받아내림이 없는 뺄셈
· 덧셈과 뺄셈의 관계

1. 덧셈 알아보기

교과서 개념을 이해하고 확인 문제를 통해 익혀요.

이어 세기로 알아보기

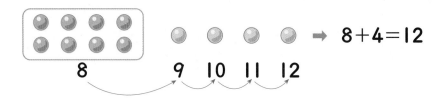

$$8+4=12$$

8   9 10 11 12

- 빨간색 구슬은 **8**개이고, 파란색 구슬은 **4**개입니다.
- 빨간색 구슬 **8**개에서부터 파란색 구슬의 수만큼 이어 세어 보면 **12**개입니다.

십 배열판에 그려 구하기

$$8+4=12$$

- ●**8**개를 그리고 **2**개를 그려 **10**을 만들고 ○**2**개를 더 그려 **12**가 되었습니다.

1
개념확인

사탕 **6**개와 사탕 **5**개를 모으면 사탕은 모두 몇 개가 되는지 알아보세요.

(1) □ 안에 알맞은 수를 써넣으세요.

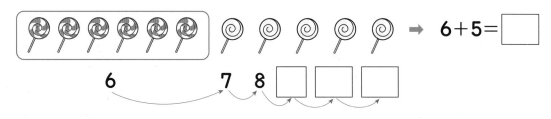

$$6+5=\boxed{}$$

6   7 8 □ □ □

(2) □ 안에 알맞은 수를 써넣으세요.

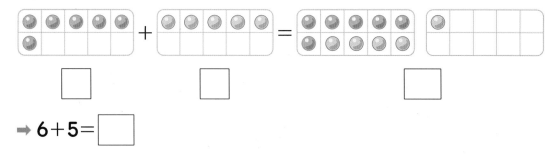

□   □   □

$$\rightarrow 6+5=\boxed{}$$

기본 문제를 통해 교과서 개념을 다져요.

단원
4

① 밤은 모두 몇 개인지 알아보세요.

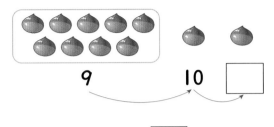

9 　　10 　□

9+2=□

② 구슬은 모두 몇 개인지 알아보세요.

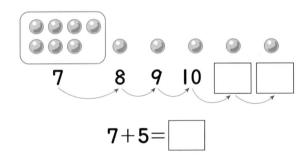

7 　8 　9 　10 　□ 　□

7+5=□

③ 그림을 보고 □ 안에 알맞은 수를 써넣으세요.

7+6=□

④ 그림을 보고 알맞은 덧셈식을 써 보세요.

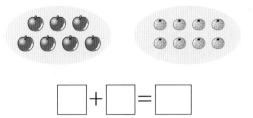

□+□=□

⑤ 딸기 맛 우유 **8**개와 바나나 맛 우유 **6**개가 있습니다. 우유가 모두 몇 개인지 십배열판에 그려 보고 구해 보세요.

(딸기 맛 우유)　　(바나나 맛 우유)

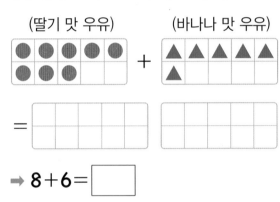

➡ 8+6=□

⑥ 위 **⑤**의 문제를 구슬을 옮겨 구하려고 합니다. 구슬을 그려 보고 답을 구하세요.

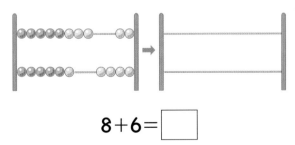

8+6=□

↻ 덧셈하기

> 상자 안에 빨간색 연결큐브가 **8**개 있었는데 지혜가 노란색 연결큐브 **7**개를 더 넣었습니다. 상자 안에 있는 연결큐브는 모두 몇 개인지 알아보세요.

방법 1

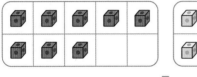

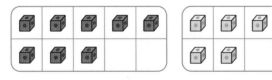

$8+7 \Rightarrow 8+7=15$

         2   5

8과 더하여 **10**을 만들기 위해 **7**을 가르기 하였습니다.

8과 **2**를 더해서 **10**을 만든 뒤 **5**를 더하면 **15**입니다.

방법 2

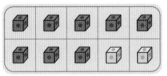

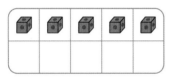

$8+7 \Rightarrow 8+7=15$

  5   3

7과 더하여 **10**을 만들기 위해 **8**을 가르기 하였습니다.

7과 **3**을 더해서 **10**을 만든 뒤 **5**를 더하면 **15**입니다.

개념확인 1 그림을 보고 □ 안에 알맞은 수를 써넣으세요.

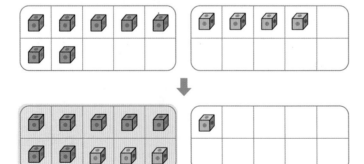

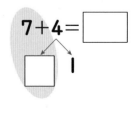

$7+4=\boxed{}$

  □   1

7과 □ 을 더해서 □ 을 만든 뒤 **1**을 더하면 □ 입니다.

기본 문제를 통해 교과서 개념을 다져요.

1 그림을 보고 □ 안에 알맞은 수를 써넣으세요.

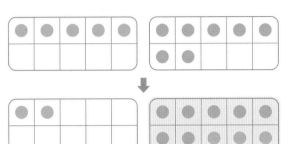

$5+7=$ □

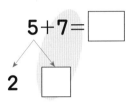

2

7과 □을 더해서 □을 만든 뒤 **2**를 더하면 □입니다.

2 그림을 보고 □ 안에 알맞은 수를 써넣으세요.

$6+8=$ □

□

4

6과 □를 더해서 □을 만든 뒤 **4**를 더하면 □입니다.

중요

3 □ 안에 알맞은 수를 써넣으세요.

(1)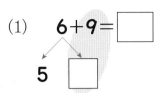

$6+9=$ □

5 □

(2)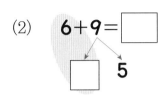

$6+9=$ □

□ 5

4 동민이는 연필을 **8**자루 가지고 있었는데 누나가 **4**자루를 더 주었습니다. 동민이가 가지고 있는 연필은 모두 몇 자루인지 그림을 그려 구하세요.

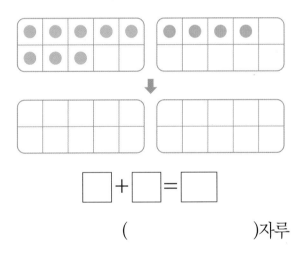

□ + □ = □

( )자루

5 빨간색 구슬이 **8**개, 파란색 구슬이 **9**개 있습니다. 구슬은 모두 몇 개인가요?

( )개

○ (몇)+(몇)=(십몇)의 표에서 규칙 찾기

9+2							
9+3	8+3						
9+4	8+4	7+4					
9+5	8+5	7+5	6+5				
9+6	8+6	7+6	6+6	5+6			
9+7	8+7	7+7	6+7	5+7	4+7		
9+8	8+8	7+8	6+8	5+8	4+8	3+8	
9+9	8+9	7+9	6+9	5+9	4+9	3+9	2+9

9+4=13이야.
8+5와 합이 같아.

9+7과 합이 같은 식을 찾아볼까?

- ⟶ : 더해지는 수가 1씩 작아지면 합도 1씩 작아집니다.
- ↓ : 더하는 수가 1씩 커지면 합은 1씩 커집니다.
- ↙ : 더해지는 수와 더하는 수가 각각 1씩 커지면 합은 2씩 커집니다.
- ↘ : 더해지는 수가 1씩 작아지고, 더하는 수가 1씩 커지면 합은 항상 똑같습니다.

두 수를 서로 바꾸어 더해도 합은 같습니다. ➡ 8+6=6+8=14

---

1 개념확인

□ 안에 알맞은 수를 써넣으세요.

6+6=□   6+7=□   6+8=□

➡ 더해지는 수는 같고 더하는 수가 □씩 커지면 합은 □씩 커집니다.

2 개념확인

□ 안에 알맞은 수를 써넣으세요.

5+8=□   6+8=□   7+8=□

➡ 더하는 수는 같고 더해지는 수가 □씩 커지면 합은 □씩 커집니다.

기본 문제를 통해 교과서 개념을 다져요.

1 □ 안에 알맞은 수를 써넣으세요.

5+6=□
6+7=□
7+8=□

➡ 더해지는 수와 더하는 수가 각각
□씩 커지면 합은 □씩 커집니다.

2 □ 안에 알맞은 수를 써넣으세요.

7+9=□
8+8=□
9+7=□

➡ 더해지는 수가 □씩 커지고, 더하는
수가 □씩 작아지면 합은 항상 똑같
습니다.

3 합이 같은 것끼리 선으로 이어 보세요.

6+5 ·   · 7+8

8+7 ·   · 5+6

9+5 ·   · 5+9

4 빈 곳에 알맞은 수를 써넣으세요.

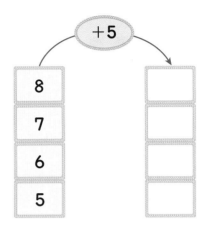

+5

| 8 |
| 7 |
| 6 |
| 5 |

5 □ 안에 알맞은 수를 써넣으세요.

5+5	5+6	5+7	5+8
10	11	12	13
6+5	6+6	6+7	6+8
□	□	13	14
7+5	7+6	7+7	7+8
□	□	□	15
8+5	8+6	8+7	8+8
□	□	□	16

⭐중요

6 합이 같은 덧셈식에 알맞은 색을 각각
색칠해 보세요.

13   14   15   16

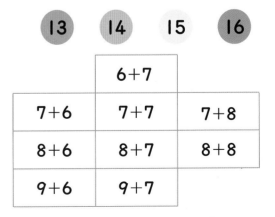

	6+7	
7+6	7+7	7+8
8+6	8+7	8+8
9+6	9+7	

유형 **1**　덧셈 알아보기

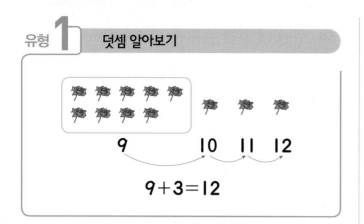

$9 + 3 = 12$

1-1 파란 구슬 **8**개와 빨간 구슬 **5**개가 있습니다. 구슬은 모두 몇 개인가요?

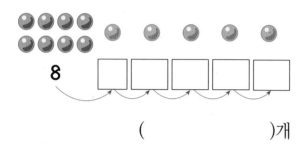

(　　　　　)개

1-2 이어 세는 방법으로 더해 보세요.

(1)

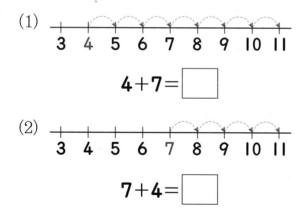

$4 + 7 = \boxed{}$

(2)

$7 + 4 = \boxed{}$

1-3 □ 안에 알맞은 수를 써넣고 빈 곳에 알맞은 수만큼 ○를 그려 보세요.

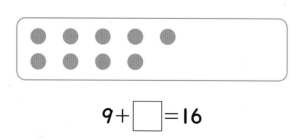

$9 + \boxed{} = 16$

1-4 그림을 그려 더해 보세요.

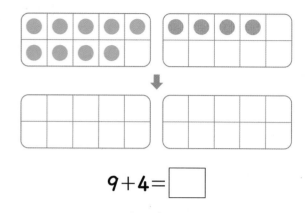

$9 + 4 = \boxed{}$

1-5 유승이는 딸기 맛 사탕을 **7**개 가지고 있고, 은지는 포도 맛 사탕을 **6**개 가지고 있습니다. 두 사람이 가지고 있는 사탕은 모두 몇 개인지 십 배열판을 이용하여 구해 보세요.

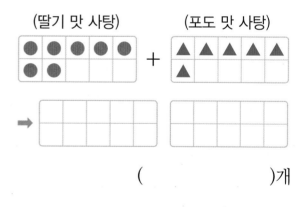

(　　　　　)개

1-6 수 구슬 그림을 보고 □ 안에 알맞은 수를 써넣으세요.

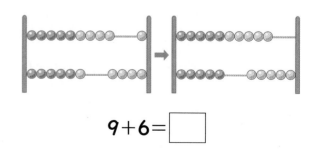

$9 + 6 = \boxed{}$

유형 2 덧셈하기

6+8의 계산

방법1 6+8=14 → 8에 2를 더하면 10이 되므로
       4 2   6을 4와 2로 가르기 합니다.

방법2 6+8=14 → 6에 4를 더하면 10이 되므로
       4 4   8을 4와 4로 가르기 합니다.

◀대표유형

2-1 그림을 보고 ☐ 안에 알맞은 수를 써넣으세요.

(1)

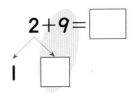

$2+9=$☐

|
1 ☐

(2)
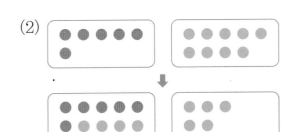

$6+9=$☐

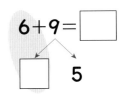
☐ 5

2-2 ☐ 안에 알맞은 수를 써넣으세요.

(1)
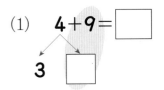
$4+9=$☐
3 ☐

(2)
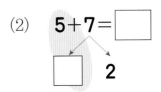
$5+7=$☐
☐ 2

2-3 8+5를 두 가지 방법으로 계산해 보세요.

방법1
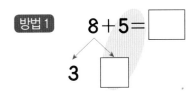
$8+5=$☐
3 ☐

방법2
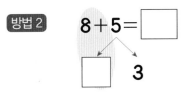
$8+5=$☐
☐ 3

2-4 밑줄 친 부분이 10이 되도록 가르기 하여 ☐ 안에 알맞은 수를 써넣으세요.

(1) 7 + 6 =☐

$7+$☐$+$☐$=$☐

(2) 6 + 9=☐

☐$+$☐$+9=$☐

2-5 덧셈을 해 보세요.

(1) $5+9=$ ☐

(2) $8+8=$ ☐

2-6 ☐ 안에 알맞은 수를 써넣으세요.

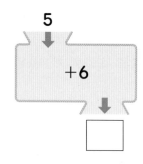

5
↓

+6

↓
☐

2-7 ○ 안에 >, <를 알맞게 써넣으세요.

6+6 ○ 4+7

2-8 그림 그리기 대회에서 영수네 학교 어린이는 **6**명이 금상을, **9**명이 은상을 받았습니다. 금상과 은상을 받은 어린이는 모두 몇 명인가요?

(   )명

유형 3 여러 가지 덧셈하기

- 더해지는 수는 같고, 더하는 수가 **1**씩 커지면 합은 **1**씩 커집니다.

$7+6=13, 7+7=14, 7+8=15$

- 더하는 수는 같고, 더해지는 수가 **1**씩 커지면 합은 **1**씩 커집니다.

$6+5=11, 7+5=12, 8+5=13$

- 두 수를 서로 바꾸어 더해도 합은 같습니다.

$9+4=4+9=13$

3-1 덧셈을 하고 ☐ 안에 알맞은 수를 써넣으세요.

(1)

$8+5=13$

$8+6=$ ☐

$8+7=$ ☐

$8+8=$ ☐

$8+9=$ ☐

➡ 더해지는 수는 같고 더하는 수가 **1**씩 커지면 합은 ☐ 씩 커집니다.

(2)

$5+8=$ ☐

$6+7=$ ☐

$7+6=$ ☐

$8+5=$ ☐

$9+4=$ ☐

➡ 더해지는 수는 ☐ 씩 커지고 더하는 수가 ☐ 씩 작아지면 합은 같습니다.

3-2 덧셈을 해 보세요.

9+8=☐

8+7=☐

7+6=☐

6+5=☐

◀ 대표유형

3-3 덧셈을 해 보세요.

6+6=☐

6+7=☐

7+7=☐

7+8=☐

3-4 빈 곳에 알맞은 수를 써넣으세요.

8+8

8+9
17

9+8
17

9+9

3-5 합이 같은 것끼리 선으로 이어 보세요.

8+9 ·   · 7+4

4+7 ·   · 9+6

6+9 ·   · 9+8

3-6 ☐ 안에 알맞은 수를 써넣으세요.

5+6	5+7	5+8	5+9
11	12	13	14
6+6	6+7	6+8	6+9
12	13		
7+6	7+7	7+8	7+9
13			
8+6	8+7	8+8	8+9
14			

🎓 시험에 잘 나와요

3-7 합이 같은 덧셈식에 알맞은 색을 각각 색칠해 보세요.

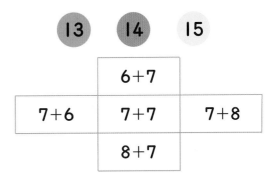

(13)   (14)   (15)

	6+7	
7+6	7+7	7+8
	8+7	

● 뺄셈 알아보기

유승이는 사탕이 **14**개 있었는데 동생에게 **6**개를 주었습니다.
유승이에게 남은 사탕은 몇 개인지 알아보세요.

방법1 거꾸로 세어 알아보기

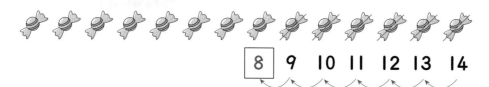

방법2 연결 모형에서 빼고 남는 것 구하기

방법3 구슬을 옮겨 구하기

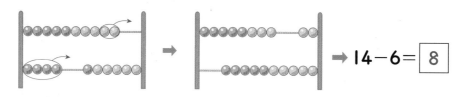

1
개념확인

그림을 보고 □ 안에 알맞은 수를 써넣으세요.

(1)

$$13-6=\boxed{}$$

(2)

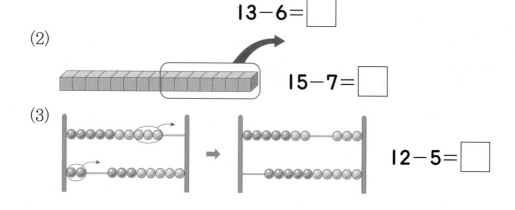

$$15-7=\boxed{}$$

(3)

$$12-5=\boxed{}$$

기본 문제를 통해 교과서 개념을 다져요.

1 참새가 11마리 있었는데 3마리가 날아 갔습니다. 남아 있는 참새는 몇 마리인지 알아보세요.

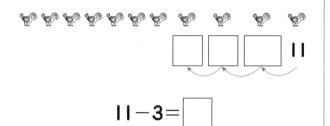

$11-3=\boxed{}$

2 유승이는 사탕을 14개 가지고 있었는데 그중에서 5개를 먹었습니다. 남아 있는 사탕은 몇 개인지 알아보세요.

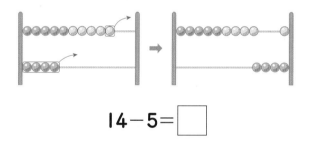

$14-5=\boxed{}$

3 어머니께서 복숭아를 13개 사 오셨는데 그중에서 6개를 먹었습니다. 남아 있는 복숭아는 모두 몇 개인지 뺄셈식으로 나타내 보세요.

_____

4 아버지께서 사과 12개와 배 8개를 사 오셨습니다. 아버지께서 사 오신 사과는 배보다 몇 개 더 많은지 구해 보세요.

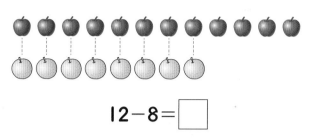

$12-8=\boxed{}$

👑 두 사람의 대화 글을 읽고 물음에 답하세요.

[5~6]

> 은지 : 구슬 16개 중 9개를 팔찌 만드는 데 사용했어.
> 현준 : 나는 구슬 12개를 가지고 있었는데 사용하고 남은 구슬의 수가 너와 같아.

5 은지가 사용하고 남은 구슬은 몇 개인지 뺄셈식으로 나타내 보세요.

_____

6 현준이가 사용한 구슬이 몇 개인지 뺄셈식으로 나타내 보세요.

_____

☞ 뺄셈하기(1)

색종이가 13장 있었는데 미술 시간에 6장을 사용했습니다. 남은 색종이는 몇 장인지 알아보세요.

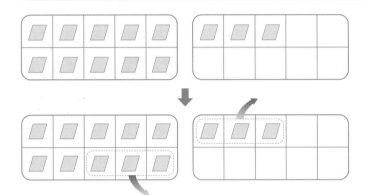

$13-6 \rightarrow 13-6=7$

6을 3과 3으로 가르고 13에서 3을 먼저 뺀 다음 다시 3을 빼면 7입니다.

---

1 개념확인

그림을 보고 □ 안에 알맞은 수를 써넣으세요.

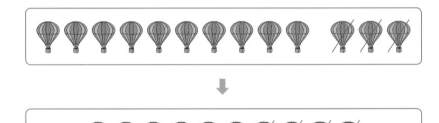

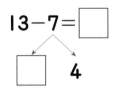

$13-7=$ □

13에서 □을 먼저 뺀 다음 다시 4를 빼면 □입니다.

2 개념확인

그림을 보고 □ 안에 알맞은 수를 써넣으세요.

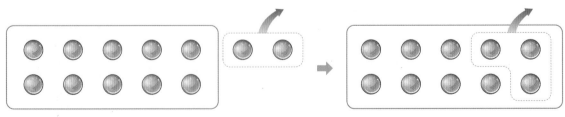

$12-5=$ □

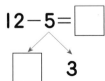

➡ 12에서 □를 먼저 뺀 다음 다시 3을 빼면 □입니다.

기본 문제를 통해 교과서 개념을 다져요.

1 그림을 보고 □ 안에 알맞은 수를 써넣으세요.

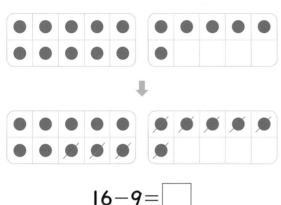

16−9=□

3

16에서 □을 먼저 뺀 다음 다시 3을 빼면 □입니다.

2 그림을 보고 □ 안에 알맞은 수를 써넣으세요.

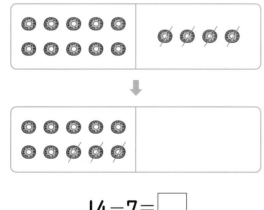

14−7=□

3

14에서 □를 먼저 뺀 다음 다시 3을 빼면 □입니다.

3 □ 안에 알맞은 수를 써넣으세요.

(1) 12−8=□

□
6

(2) 15−6=□

□
1

4 /으로 지워 뺄셈을 해 보세요.

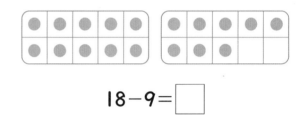

18−9=□

5 초콜릿이 13개 들어 있던 상자에서 초콜릿 5개를 먹었습니다. 남은 초콜릿은 몇 개인지 그림을 그려 알아보세요.

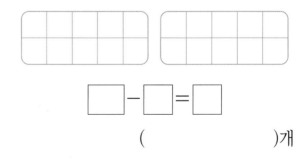

□−□=□

(   )개

6 색종이 15장 중에서 8장을 사용했습니다. 남은 색종이는 몇 장인가요?

(   )장

뺄셈하기(2)

빨간색 구슬이 **15**개, 초록색 구슬이 **8**개 있습니다. 빨간색 구슬이 몇 개 더 많은지 그림을 그려 알아보세요.

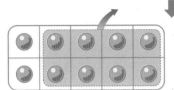

$15-8$ ➡ $15-8=7$

15를 **10**과 **5**로 가르고 **10**에서 **8**을 먼저 뺀 다음 **5**를 더하면 **7**입니다.

---

1 개념확인

그림을 보고 □ 안에 알맞은 수를 써넣으세요.

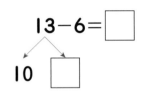

$13-6=\boxed{}$

13을 **10**과 $\boxed{}$으로 가르고 **10**에서 **6**을 먼저 뺀 다음 $\boxed{}$을 더하면 $\boxed{}$입니다.

2 개념확인

그림을 보고 □ 안에 알맞은 수를 써넣으세요.

$15-7=\boxed{}$

15를 **10**과 $\boxed{}$로 가르고 **10**에서 **7**을 먼저 뺀 다음 $\boxed{}$를 더하면 $\boxed{}$입니다.

기본 문제를 통해 교과서 개념을 다져요.

단원
4

1 그림을 보고 □ 안에 알맞은 수를 써넣으세요.

$16 - 8 = \boxed{}$

10 $\boxed{}$

16을 10과 $\boxed{}$으로 가르고 10에서 8을 먼저 뺀 다음 $\boxed{}$을 더하면 $\boxed{}$입니다.

2 그림을 보고 □ 안에 알맞은 수를 써넣으세요.

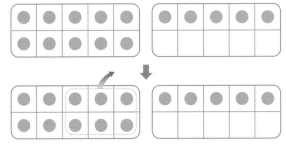

$15 - 6 = \boxed{}$

10 $\boxed{}$

15를 10과 $\boxed{}$로 가르고 10에서 6을 먼저 뺀 다음 $\boxed{}$를 더하면 $\boxed{}$입니다.

3 □ 안에 알맞은 수를 써넣으세요.

(1) $12 - 7 = \boxed{}$

10 $\boxed{}$

(2) $14 - 8 = \boxed{}$

10 $\boxed{}$

4 □ 안에 알맞은 수를 써넣으세요.

(1)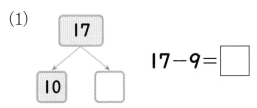

$17 - 9 = \boxed{}$

(2)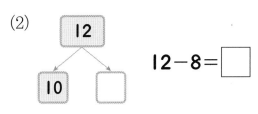

$12 - 8 = \boxed{}$

5 어린이 18명에게 사탕을 한 개씩 나누어 주려고 합니다. 사탕이 9개 있다면 더 필요한 사탕은 몇 개인가요?

(   )개

○ (십몇)−(몇)=(몇)의 표에서 규칙 찾기

13−4	13−5	13−6	13−7	13−8	13−9
9	8	7	6	5	4
	14−5	14−6	14−7	14−8	14−9
	9	8	7	6	5
		15−6	15−7	15−8	15−9
		9	8	7	6
			16−7	16−8	16−9
			9	8	7
				17−8	17−9
				9	8
					18−9
					9

→ : 빼는 수가 1씩 커지면 차는 1씩 작아집니다.

↓ : 빼지는 수가 1씩 커지면 차도 1씩 커집니다.

↘ : 빼지는 수와 빼는 수가 각각 1씩 커지면 차가 같습니다.

↙ : 빼지는 수가 1씩 커지고, 빼는 수가 1씩 작아지면 차는 **2**씩 커집니다.

---

1 개념확인

☐ 안에 알맞은 수를 써넣으세요.

11−2=☐   11−3=☐   11−4=☐

➡ 빼지는 수는 ☐로 모두 같고, 빼는 수가 1씩 커지면 차는 ☐씩 작아집니다.

2 개념확인

☐ 안에 알맞은 수를 써넣으세요.

12−7=☐   13−7=☐   14−7=☐

➡ 빼는 수는 ☐로 모두 같고, 빼지는 수가 1씩 커지면 차는 ☐씩 커집니다.

기본 문제를 통해 교과서 개념을 다져요.

1 □ 안에 알맞은 수를 써넣으세요.

$14-6=$ ☐

$15-7=$ ☐

$16-8=$ ☐

빼지는 수와 빼는 수가 모두 ☐ 씩 커지면 차가 같습니다.

2 □ 안에 알맞은 수를 써넣으세요.

$11-7=$ ☐

$12-6=$ ☐

$13-5=$ ☐

빼지는 수가 ☐ 씩 커지고, 빼는 수가 ☐ 씩 작아지면 차는 ☐ 씩 커집니다.

3 차가 같은 것끼리 선으로 이어 보세요.

11−3 ·   · 18−9

15−8 ·   · 12−4

17−8 ·   · 16−9

4 빈칸에 알맞은 수를 써넣으세요.

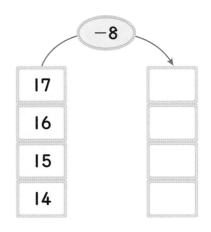

5 □ 안에 알맞은 수를 써넣으세요.

11−2 9	11−3 8	11−4 7	11−5 6
	12−3 9	12−4 ☐	12−5 ☐
		13−4 ☐	13−5 ☐
			14−5 ☐

6 차가 같은 뺄셈식에 알맞은 색을 각각 색칠해 보세요.

6   7   8   9

13−7		
14−7	14−8	
15−7	15−8	15−9
16−7	16−8	16−9

단원 4

유형 4 뺄셈 알아보기

7 8 9 10 11

11−4=7

4-1 귤이 12개 있습니다. 그중에서 3개를 먹으면 남는 귤은 몇 개인가요?

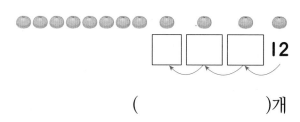

□ □ □ 12

(   )개

4-2 그림을 보고 뺄셈식으로 나타내 보세요.

(1)
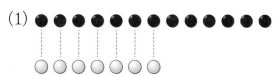

13−7=□

(2)
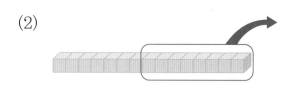

15−8=□

(3)
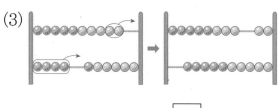

14−6=□

유형 5 뺄셈하기(1)

12−5의 계산

12−5=7 → 12에서 2를 빼면 10이 되므로 5를 2와 3으로 가르기 합니다.

2 3

5-1 그림을 보고 □ 안에 알맞은 수를 써넣으세요.

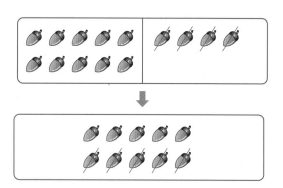

14−9=14−4−□

=□−□

=□

5-2 □ 안에 알맞은 수를 써넣으세요.

(1) 11−5=□

□ 4

(2) 16−8=□

□ 2

5-3 뺄셈을 해 보세요.

(1) 13−7=□

(2) 18−9=□

5-4 계산 결과가 더 큰 것에 ◯표 하세요.

| 17−8 | 16−9 |

(   ) (   )

5-5 전깃줄에 참새가 **12**마리 앉아 있었습니다. 잠시 후 **9**마리가 날아갔습니다. 남아 있는 참새는 몇 마리인가요?

(   )마리

유형 6 뺄셈하기(2)

11−5의 계산

$$11-5=6$$ → 11을 10과 1로 가르기 하여 10에서 5를 먼저 뺀 다음 1을 더합니다.

10   1

6-1 그림을 보고 ☐ 안에 알맞은 수를 써넣으세요.

$$15-7=10-7+\boxed{}$$
$$=\boxed{}+\boxed{}$$
$$=\boxed{}$$

단원 **4**

6-2 ☐ 안에 알맞은 수를 써넣으세요.

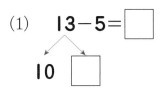

(1) $$13-5=\boxed{}$$
10 $\boxed{}$

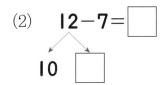

(2) $$12-7=\boxed{}$$
10 $\boxed{}$

6-3 뺄셈을 해 보세요.

(1) $$15-6=\boxed{}$$

(2) $$14-8=\boxed{}$$

6-4 ☐ 안에 알맞은 수를 써넣으세요.

16 → −9 → $\boxed{}$

6-5 효근이는 양손에 동전을 모두 **12**개 쥐고 있습니다. 왼손에 **8**개를 쥐고 있다면 오른손에 쥐고 있는 동전은 몇 개인가요?

(   )개

유형 **7** 여러 가지 뺄셈하기

- 빼지는 수가 같고, 빼는 수가 1씩 커지면 차는 1씩 작아집니다.
  $15-6=9$, $15-7=8$, $15-8=7$
- 빼는 수가 같고, 빼지는 수가 1씩 커지면 차도 1씩 커집니다.
  $13-6=7$, $14-6=8$, $15-6=9$

대표유형

7-1 뺄셈을 해 보세요.

$11-6=\boxed{}$

$12-6=\boxed{}$

$13-7=\boxed{}$

$14-7=\boxed{}$

7-2 빈 곳에 알맞은 수를 써넣으세요.

| 11-4 | 11-5 | 11-6 |
| 7 | | |

| 12-4 | 12-5 | 12-6 |
| | 7 | |

| 13-4 | 13-5 | 13-6 |
| | | 7 |

7-3 차가 같은 뺄셈식에 알맞은 색을 각각 색칠해 보세요.

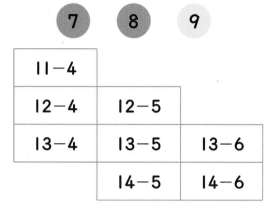

	7	8	9

11-4		
12-4	12-5	
13-4	13-5	13-6
	14-5	14-6

7-4 차가 6인 뺄셈식을 모두 찾아 ○표 하세요.

| 14-9 | 13-7 | 11-5 |
| ( ) | ( ) | ( ) |

| 12-6 | 14-7 |
| ( ) | ( ) |

7-5 차가 7인 뺄셈식에 모두 색칠해 보세요.

		12-7		
	13-6	13-7	13-8	
14-5	14-6	14-7	14-8	14-9
	15-6	15-7	15-8	
		16-7		

1 다람쥐는 도토리를 아침에 **8**개, 저녁에 **5**개 먹었고, 너구리는 도토리를 아침에 **5**개, 저녁에 **8**개 먹었습니다. 바르게 말한 학생을 찾아 이름을 쓰세요.

> 한별 : 다람쥐가 도토리를 더 많이 먹었어.
>
> 석기 : 너구리가 도토리를 더 많이 먹었어.
>
> 가영 : 다람쥐와 너구리가 먹은 도토리의 수는 같아.

(   )

2 두 수의 합을 구한 뒤 그 합에 해당되는 글자를 찾아 쓰세요.

13	14	15	16	17
빵	크	단	림	딸

$9+5=$ ☐ ➡ _____

$8+8=$ ☐ ➡ _____

$6+7=$ ☐ ➡ _____

3 ㉠과 ㉡에 알맞은 수들의 합을 구하세요.

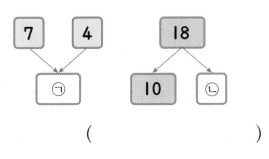

(   )

4 두 수의 합이 가장 큰 것부터 차례로 선을 이어 보세요.

| 7+8 | • | | • | 6+5 |
| 8+9 | • | | • | 9+4 |

5 표에서 ★이 있는 칸에 들어갈 덧셈식과 합이 같은 덧셈식을 찾아 써 보세요.

7+6	7+7	7+8
8+6	★	8+8
9+6	9+7	9+8

☐ + ☐   ☐ + ☐

6 덧셈식이 되는 수를 찾아 ⊞ ⊟ 하세요.

8	+	5	=	13	9
6		7		5	12
9		4		13	15
6		8		9	17

7 1부터 **9**까지의 숫자 중에서 □ 안에 들어갈 수 있는 숫자는 모두 몇 개인가요?

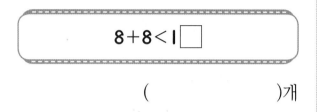

$$8+8<1\boxed{}$$

( )개

8 유승이는 사탕 **4**개, 초콜릿 **9**개를 가지고 있고 은지는 사탕 **7**개, 초콜릿 **5**개를 가지고 있습니다. 사탕과 초콜릿을 더 많이 가지고 있는 사람은 누구인가요?

( )

9 상연이는 영어 **5**문제, 수학 **9**문제를 풀었고 예슬이는 영어 **7**문제, 수학 **8**문제를 풀었습니다. 문제를 더 많이 푼 사람은 누구인가요?

( )

10 화살표를 따라 합이 **1**씩 커지는 식을 만들려고 합니다. □ 안에 알맞은 수를 써넣으세요.

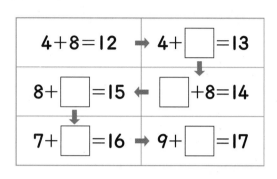

11 다음 수 카드 중에서 두 장을 사용하여 합이 두 번째로 큰 덧셈식으로 나타내세요.

| 5 | 6 | 7 | 8 | 9 |

$$\boxed{}+\boxed{}=\boxed{}$$

12 **6**장의 수 카드를 **2**장씩 모아 **10**이 되도록 짝지을 때 짝지어지지 않는 수 카드에 적힌 수들의 합을 구하세요.

| 9 | 4 | 8 | 1 | 6 | 7 |

( )

13 계산 결과가 가장 작은 것부터 차례대로 기호를 쓰세요.

> ㉠ 16−9 ㉡ 15−7
> ㉢ 12−3 ㉣ 11−5

(   )

14 뺄셈식이 되는 수를 찾아 ⎛− =⎞ 하세요.

15	−	7	=	8		2
12		6		6		1
19		13		9		4
16		9		7		3

15 영수는 사탕을 9개 가지고 있고, 석기는 영수보다 사탕을 6개 더 적게 가지고 있습니다. 영수와 석기가 가지고 있는 사탕은 모두 몇 개인가요?

(   )개

16 숫자와 기호를 □ 안에 알맞게 써넣어 올바른 계산식을 만들어 보세요.

(1)

→

(2)
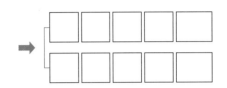

→

17 다음 식에서 ★은 얼마인가요?

> 5+■=13   ■=12−★

(   )

18 1부터 9까지 숫자가 적혀 있는 공이 한 개씩 담긴 주머니가 있습니다. 주머니 속에서 공을 두 개씩 꺼내고, 공에 쓰인 두 수의 합이 더 크면 이깁니다. 동민이는 5와 9가 적힌 공을 꺼냈고, 한별이가 8이 적힌 공을 꺼내고 하나 더 꺼내야 합니다. 한별이가 이기려면 어떤 수의 공을 꺼내야 하는지 쓰세요.

(   )

19 성은이와 한별이는 투호 놀이를 하였습니다. **20**개씩 던져 성은이는 **12**개를 넣었고 한별이는 성은이보다 **5**개 더 적게 넣었습니다. 한별이가 넣은 투호는 몇 개인가요?

(   )개

20 사탕을 은지는 **15**개, 현준이는 **3**개를 가지고 있습니다. 두 사람이 가진 사탕의 개수가 같아지려면 은지는 현준이에게 사탕 몇 개를 주어야 하나요?

(   )개

21 **5**장의 수 카드 중에서 **2**장을 사용하여 두 번째로 큰 차가 되도록 뺄셈식을 만들고 계산해 보세요.

| 3 | 6 | 7 | 12 | 14 |

$$\boxed{} - \boxed{} = \boxed{}$$

22 ☐ 안에 알맞은 수를 써넣으세요.

(1) $8+7=\boxed{}+9$

(2) $16-9=14-\boxed{}$

23 화살표를 따라 합이 **1**씩 작아지는 식을 만들려고 합니다. ☐ 안에 알맞은 수를 써넣으세요.

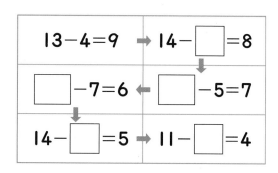

$13-4=9$ ➡ $14-\boxed{}=8$	
$\boxed{}-7=6$ ⬅ $\boxed{}-5=7$	
$14-\boxed{}=5$ ➡ $11-\boxed{}=4$	

24 다음과 같이 **14**를 넣으면 **5**가 나오는 상자가 있습니다. 이 상자에 **16**을 넣으면 나오는 값은 얼마인가요?

$$14 ➡ \boxed{}-\boxed{} ➡ 5$$

(   )

주어진 풀이 과정을 함께 해결하면서
서술형 문제의 해결 방법을 익혀요.

유형 1

지혜는 가지고 있던 쿠키 12개 중에서 5개를 먹었고, 가영이는 가지고 있던 쿠키 15개 중에서 7개를 먹었습니다. 남은 쿠키는 누가 더 많은지 풀이 과정을 쓰고 답을 구하세요.

풀이 지혜에게 남은 쿠키는 12－5=☐(개)이고,

가영이에게 남은 쿠키는 15－7=☐(개)입니다.

따라서 ☐<☐이므로 남은 쿠키는 ☐이가 더 많습니다.

답 ☐

예제 1

영수는 가지고 있던 초콜릿 14개 중에서 6개를 먹었고, 동민이는 가지고 있던 초콜릿 12개 중에서 5개를 먹었습니다. 남은 초콜릿은 누가 더 많은지 풀이 과정을 쓰고 답을 구하세요. [5점]

풀이

답

유형 **2**

상자 안에 빨간 구슬이 **7**개, 노란 구슬이 **15**개, 파란 구슬이 노란 구슬보다 **6**개 더 적게 들어 있습니다. 빨간 구슬과 파란 구슬은 모두 몇 개인지 풀이 과정을 쓰고 답을 구하세요.

✏️ **풀이** 파란 구슬은 노란 구슬보다 **6**개 더 적게 들어 있으므로

$15-6=$ ☐ (개)입니다.

따라서 상자 안에 들어 있는 빨간 구슬과 파란 구슬은 모두

$7+$ ☐ $=$ ☐ (개)입니다.

🧩 답 ☐ 개

예제 **2**

상자 안에 빨간 구슬이 **9**개, 노란 구슬이 **12**개, 파란 구슬이 노란 구슬보다 **4**개 더 적게 들어 있습니다. 빨간 구슬과 파란 구슬은 모두 몇 개인지 풀이 과정을 쓰고 답을 구하세요. [5점]

✏️ **풀이**

🧩 답 _____ 개

놀이 수학

👑 한별이와 상연이는 덧셈 빙고 놀이를 하려고 합니다. 물음에 답하세요. [1~3]

놀이 방법

① 빙고 판에 **3**부터 **18**까지의 수를 한 번씩 씁니다.
② 선생님께서 보여 주시는 수 카드 **2**장의 합을 구합니다.
③ 빙고 판에 위 ②의 합이 되는 수가 적힌 칸에 ○ 합니다.
④ 한 줄을 완성하면 빙고라고 외칩니다.

3	9	16	17
8	6	4	11
15	10	5	12
7	14	13	18

(한별)

3	9	6	8
12	18	13	11
7	4	5	17
14	10	15	16

(상연)

1 선생님께서 보여 주시는 수 카드가 3 , 9 라면 어느 수가 적혀 있는 칸에 ○ 해야 하나요?

( )

2 선생님께서 보여 주시는 수 카드가 다음과 같았습니다. 한별이와 상연이의 빙고 판에 알맞게 ○ 하세요.

3 , 9 　 5 , 8 　 9 , 9 　 4 , 7

3 한별이와 상연이 중 한 줄을 완성하여 빙고를 외친 사람은 누구인가요?

( )

4. 덧셈과 뺄셈(2) ◆ **129**

1 지우개는 모두 몇 개인지 알아보세요.
③점

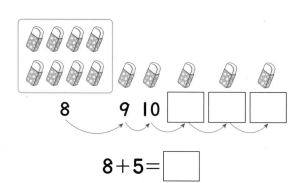

8   9 10 ☐ ☐ ☐

8+5=☐

2 다음과 같이 두 수의 합을 구슬을 옮겨
③점 구하였습니다. ☐ 안에 알맞은 수를
써넣으세요.

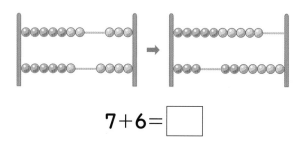

7+6=☐

3 그림을 보고 덧셈을 하세요.
③점

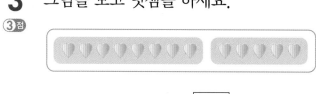

8+5=☐

4 밑줄 친 부분이 10이 되도록 가르기
④점 하여 ☐ 안에 알맞은 수를 써넣으세요.

8+6=☐

8+☐+☐=☐

5 빈칸에 알맞은 수를 써넣으세요.
④점

+	7
6	
8	

6 ○ 안에 >, =, <를 알맞게 써넣으
④점 세요.

4+9 ○ 8+6

7 빈칸에 알맞은 수를 써넣으세요.
④점

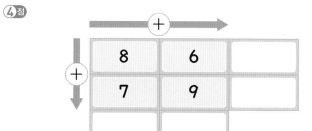

8 ★에 알맞은 수를 구하세요.
④점

4+4=●
●+6=★

(   )

9 (4점) 가영이는 **8**살이고 동생은 **5**살입니다. 가영이와 동생의 나이를 합하면 몇 살인가요?

( )살

10 (4점) 아버지께서 사과 몇 개를 사 오셨습니다. 이 중에서 **4**개를 먹고 나니 **8**개가 남았습니다. 아버지께서 사 오신 사과는 모두 몇 개인가요?

( )개

11 (4점) 그림을 보고 □ 안에 알맞은 수를 써넣으세요.

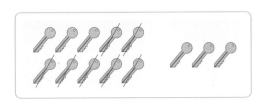

$13-7=$ □

10 □

12 (4점) □ 안에 알맞은 수를 써 넣으세요.

$15-8=$ □

□ 3

13 (4점) 계산 결과가 더 큰 것을 찾아 기호를 쓰세요.

㉠ $15-7$ ㉡ $14-9$

( )

14 (4점) 계산 결과가 **7**인 것은 어느 것인가요?

( )

① $16-7$ ② $11-3$
③ $12-5$ ④ $15-6$
⑤ $17-8$

15 (4점) 빈칸에 알맞은 수를 써넣으세요.

-9

16
17
18

16 빈 곳에 알맞은 수를 써넣으세요.
(4점)

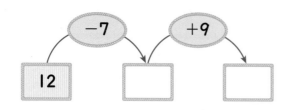

17 가장 큰 수와 가장 작은 수의 차를 구
(4점) 하세요.

$$18 \quad 9 \quad 12$$

( )

18 ㉠과 ㉡에 알맞은 수의 합을 구하세요.
(4점)

$$14 - 7 = ㉠$$
$$11 - 6 = ㉡$$

( )

19 영수네 모둠은 남학생이 11명이고 여
(4점) 학생이 5명입니다. 남학생은 여학생보다
몇 명 더 많나요?

( )명

20 풍선이 13개 있었습니다. 그중에서 8
(4점) 개가 터졌습니다. 남아 있는 풍선은 몇
개인가요?

( )개

21 동민이는 연필 17자루를 가지고 있습
(4점) 니다. 동민이가 동생에게 연필 9자루를
주고 나면 남는 연필은 몇 자루인가요?

( )자루

22 동민이와 석기는 다음과 같이 계산하
④점 였습니다. 동민이의 덧셈 방법과 석기의
덧셈 방법의 다른 점을 설명해 보세요.

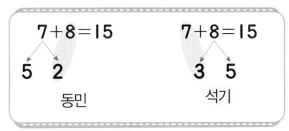

$7+8=15$ $7+8=15$
5 2 3 5
동민 석기

📖풀이

23 계산을 바르게 한 사람은 누구인지 풀이
⑤점 과정을 쓰고 답을 구하세요.

• 예슬 : $9+8=16$
• 지혜 : $11-4=7$

📖풀이

📁답

24 영수의 나이는 **9**살입니다. 형의 나이는
⑤점 영수보다 **3**살 많고, 동생의 나이는 형의
나이보다 **5**살 적습니다. 동생의 나이는
몇 살인지 풀이 과정을 쓰고 답을 구하
세요.

📖풀이

📁답 _____ 살

25 한별이는 가지고 있던 초콜릿 **12**개
⑤점 중에서 **4**개를 먹었고, 가영이는 가지고
있던 초콜릿 **17**개 중에서 **8**개를 먹었
습니다. 누구의 초콜릿이 몇 개 더 많이
남았는지 풀이 과정을 쓰고 답을 구하
세요.

📖풀이

📁답 _____ , _____ 개

👑 보기 와 같은 규칙으로 빈 곳에 알맞은 수를 써넣으려고 합니다. 물음에 답하세요. [1~2]

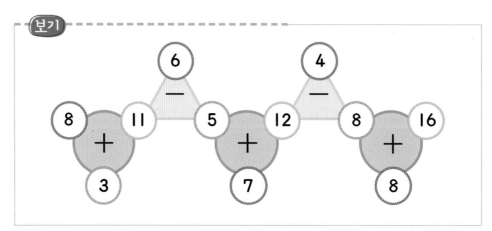

① 보기 의 규칙을 찾아 설명해 보세요.

② 보기 와 같은 규칙으로 빈 곳에 알맞은 수를 써넣으세요.

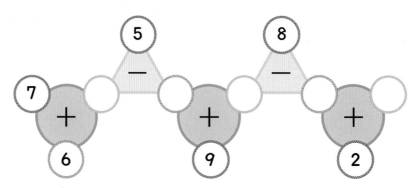

나는야, 일류 요리사!

나는 대한민국에서 제일 잘나가는 요리사입니다.

사람들은 내가 만든 요리를 먹으면 모두 다음과 같이 말합니다.

"음식이 정말 맛있어요. 끝내줘요."

오늘은 우리 음식점에 귀한 손님들이 식사를 하러 온답니다.

'어떤 음식을 준비해야 하나? 엄청 맛있는 음식을 준비해야 하는데.'

고민이 좀 됩니다.

하지만 걱정 없습니다. 제 주위에는 훌륭한 보조 요리사들이 저를 도와주니까요.

"좋아, 오늘은 맛있는 초밥을 준비해야겠다. 이봐, 보조 요리사들!"

"네, 주방장님."

"나와 함께 자네는 생선 초밥, 자네는 새우 초밥을 만들게."

"네, 알겠습니다."

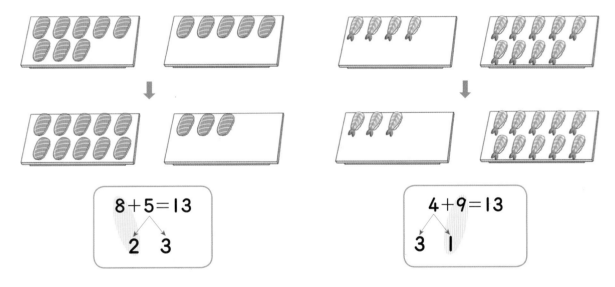

$$8+5=13$$
$$2 \quad 3$$

$$4+9=13$$
$$3 \quad 1$$

훌륭한 보조 요리사들과 함께 초밥을 만드니 금방 끝이 났습니다.

"초밥을 드신 귀한 손님들에게 맛있는 후식을 드려야 하는데 무엇으로 할까?
  그래, 과일로 대접하자."

"보조 요리사들, 멜론과 사과를 예쁘게 깎아서 대접하려고 하니 한번 찾아보게."

"네, 알겠습니다."

주방장은 보조 요리사들이 가지고 온 멜론 **13**개 중에서 **4**개를 정성스럽게 깎아 후식을 만들었습니다.

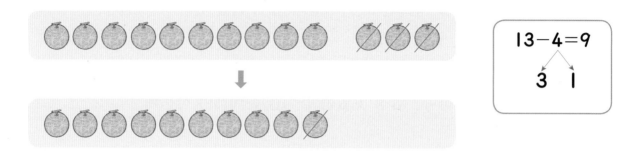

$$13-4=9$$
$$3 \quad 1$$

그리고 이번에는 사과 **12**개 중에서 **9**개를 깎아 후식을 만드는 데 사용하였습니다.

$$12-9=3$$
$$10 \quad 2$$

"자, 이제 모든 준비가 끝이 났구나."

주방장은 훌륭한 보조 요리사들과 함께 귀한 손님들에게 맛있는 음식을 대접할 생각을 하니 너무나 행복했습니다.

😊 '**8+5**', '**4+9**'를 어떻게 계산하였는지 이야기해 보세요.

😊 '**13-4**', '**12-9**'를 어떻게 계산하였는지 이야기해 보세요.

규칙 찾기

이번에 배울 내용

1 규칙 찾기

2 규칙 만들기

3 수 배열에서 규칙 찾기

4 수 배열표에서 규칙 찾기

5 규칙을 여러 가지 방법으로 나타내기

이전에 배운 내용

• 수의 뛰어 세기

• ■, ▲, ● 모양 알아보기

다음에 배울 내용

• 무늬에서 규칙 찾기

• 쌓은 모양에서 규칙 찾기

• 덧셈표, 곱셈표에서 규칙 찾기

• 생활에서 규칙 찾기

규칙을 찾아 말해 보기

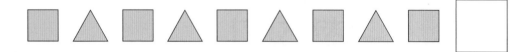

➡ 규칙 : ■, ▲ 모양이 반복되는 규칙이 있습니다.

➡ □ 안에는 ■의 다음 모양인 ▲가 들어갑니다.

개념잡기

규칙을 찾을 때에는 반복되는 부분을 ◯로 묶어 규칙을 찾고, 빈 곳에 놓일 모양을 알아봅니다.

---

1 **개념확인**

규칙에 따라 □ 안에 들어갈 모양을 알아보려고 합니다. 물음에 답해 보세요.

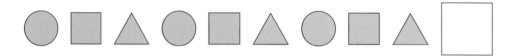

(1) 어떤 규칙이 있는지 써 보세요.

_____

(2) □ 안에 알맞은 모양을 그려 넣으세요.

2 **개념확인**

규칙에 따라 □ 안에 들어갈 공은 어떤 공인지 알아보려고 합니다. 물음에 답해 보세요.

(1) 어떤 규칙이 있는지 써 보세요.

_____

(2) □ 안에 들어갈 공은 어떤 공인가요?

(   )

기본 문제를 통해 교과서 개념을 다져요.

1 규칙을 알아보세요.

(1)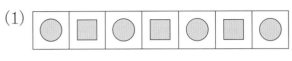

➡ ⬤와 [ ]가 반복되는 규칙입니다.

(2)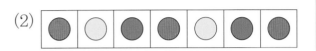

➡ 빨간색, 노란색, [ ]이 반복되는 규칙입니다.

2 규칙에 따라 □ 안에 알맞은 모양을 그려 넣으세요.

3 그림을 보고 물음에 답하세요.

(1) 어떤 규칙이 있는지 설명해 보세요.

• ◯ 모양과 [ ] 모양이 [ ]개씩 반복되는 규칙입니다.

• 빨간색과 [ ]이 [ ]개씩 반복되는 규칙입니다.

(2) 규칙에 따라 □ 안에 알맞은 모양에 ◯ 하세요.

4 규칙에 따라 빈칸에 들어갈 알맞은 모양을 그리고, 규칙을 써 보세요.

_____

_____

5 규칙에 따라 □ 안에 들어갈 알맞은 과일의 이름을 써 보세요.

( )

6 유승이는 여행을 가서 그림과 같은 사진을 찍었습니다. 유승이가 친구와 대화한 내용을 읽고 알맞은 수에 ◯ 하세요.

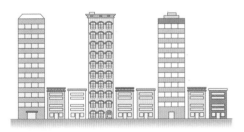

유승 : 내가 찍은 사진인데 재미있는 규칙이 있어.

은지 : 어떤 규칙이 있는데?

유승 : 높은 건물 (l, 2)개와 낮은 건물 (l, 2)개가 반복되는 규칙이야.

두 가지 색으로 규칙 만들기

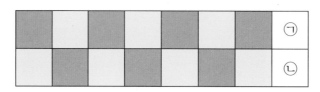

- 첫째 줄은 주황색과 노란색이 반복되는 규칙이므로 ㉠에는 노란색을 색칠합니다.
- 둘째 줄은 노란색과 주황색이 반복되는 규칙이므로 ㉡에는 주황색을 색칠합니다.

규칙을 만들어 무늬 꾸미기

로 다음과 같이 규칙적인 무늬를 만들 수 있습니다.

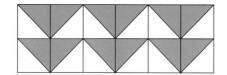 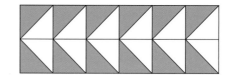

개념잡기

무늬에서 규칙을 찾을 때에는 반복되는 색이 어떤 색인지 찾아보고, 빈 곳에 칠해질 색을 알아봅니다.

개념확인 1 규칙에 따라 알맞은 색으로 빈칸을 색칠하려고 합니다. 물음에 답하세요.

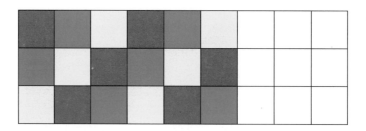

(1) 어떤 규칙을 찾았는지 써 보세요.

첫째 줄은 [   ], 파란색, 노란색이 반복됩니다.

둘째 줄은 파란색, [   ], 빨간색이 반복됩니다.

셋째 줄은 노란색, 빨간색, [   ]이 반복됩니다.

(2) 규칙에 따라 빈칸에 알맞게 색칠해 보세요.

기본 문제를 통해 교과서 개념을 다져요.

① 규칙에 따라 알맞은 색으로 빈칸을 색칠하려고 합니다. 물음에 답해 보세요.

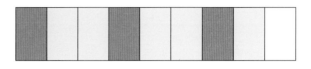

(1) 어떤 규칙에 따라 색칠한 것인지 써 보세요.

_____

_____

(2) 규칙에 따라 빈칸에 알맞게 색칠해 보세요.

② 규칙에 따라 알맞은 색으로 빈칸을 색칠해 보세요.

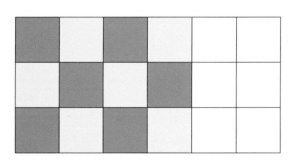

③ 규칙에 따라 빈칸에 들어갈 알맞은 모양을 그리고 색칠해 보세요.

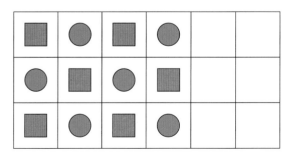

④ 규칙에 따라 알맞은 색으로 빈칸을 색칠해 보세요.

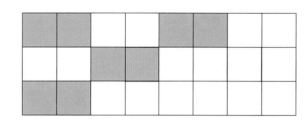

단원 5

⑤ 보기 를 이용하여 규칙에 따라 무늬를 꾸며 보세요.

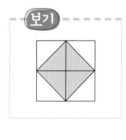

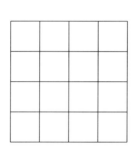

⑥ ▲, ● 모양으로 규칙을 만들어 놓아 보고, 규칙을 써 보세요.

┌─────────────────────────┐
│   │
│   │
└─────────────────────────┘

규칙 _____

_____

유형 1 규칙 찾기

반복되는 부분을 ◯로 묶은 후 □ 안에 들어갈 알맞은 모양을 생각해 봅니다.

◀대표유형

1-1 반복되는 부분을 ◯로 묶어 보세요.

1-2 규칙에 따라 □ 안에 들어갈 알맞은 모양을 그려 넣고, 규칙을 써 보세요.

_____

_____

1-3 규칙에 따라 □ 안에 들어갈 알맞은 과일의 이름을 쓰세요.

(   )

1-4 같은 박자가 반복되는 악보입니다. 규칙에 따라 악보를 완성해 보세요.

1-5 ★, ♥, ◆가 반복되는 규칙으로 늘어놓을 때, ♥가 들어갈 곳의 기호를 모두 쓰세요.

★	㉠	㉡	㉢	㉣	㉤	㉥	㉦	㉧

(   )

1-6 □ 안에 들어갈 모양을 찾을 수 있는 물건을 주변에서 두 가지만 찾아 써 보세요.

(   )

1-7 신호등은 횡단보도를 건널 때 꼭 지켜야 하는 교통신호입니다. 다음을 보고 신호등의 규칙을 찾아 써보세요.

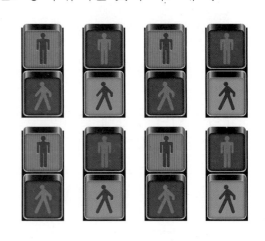

_____

유형 2 규칙 만들기

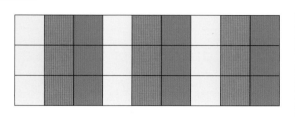

노란색, 빨간색, 파란색이 반복되는 규칙입니다.

2-1 규칙에 따라 알맞은 색으로 빈칸을 색칠하려고 합니다. 물음에 답해 보세요.

(1) 어떤 색이 반복되는 규칙인지 순서대로 써 보세요.

(   )

(2) ㉠에는 어떤 색을 칠해야 하나요?

(   )

2-2 규칙에 따라 알맞은 색으로 빈칸을 색칠해 보세요.

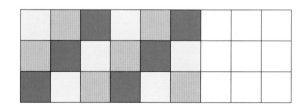

2-3 무늬에서 규칙을 찾아 써 보세요.

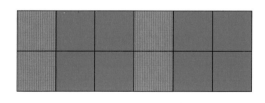

2-4 규칙에 따라 알맞은 색으로 빈칸을 색칠해 보세요.

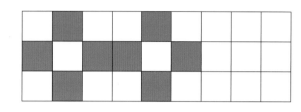

2-5 ◸를 이용하여 규칙을 만들어 무늬를 꾸며 보세요.

2-6 ▢, ▲, ● 모양으로 규칙을 만들어 놓아 보고, 규칙을 써 보세요.

규칙

○ 수 배열에서 규칙 찾기

→ **3**씩 커지는 규칙입니다.

→ **2**씩 작아지는 규칙입니다.

→ **7**과 **5**가 반복되는 규칙입니다.

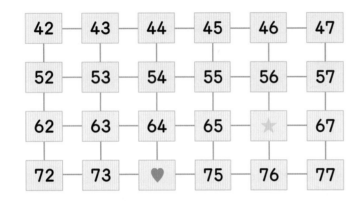

42	43	44	45	46	47
52	53	54	55	56	57
62	63	64	65	★	67
72	73	♥	75	76	77

• 오른쪽으로 한 칸 갈수록 **1**씩 커지는 규칙입니다.

• 아래쪽으로 한 칸 내려갈수록 **10**씩 커지는 규칙입니다.

• ★에 알맞은 수는 **66**이고 ♥에 알맞은 수는 **74**입니다.

개념잡기

수 배열에서 규칙을 찾을 때에는 앞의 수와 뒤의 수의 차를 구해 봅니다.

---

1 개념확인

규칙을 찾아 빈 곳에 알맞은 수를 써넣으세요.

(1)

(2)

(3)

기본 문제를 통해 교과서 개념을 다져요.

규칙을 찾아 빈 곳에 알맞은 수를 써넣으세요.

[1~3]

1
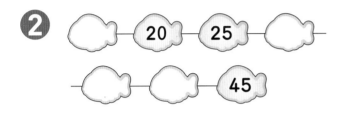

2
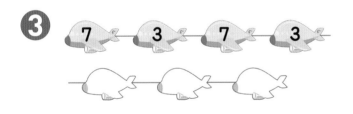

3

중요
4 수들의 규칙을 찾아 써 보세요.

| 12 | 17 | 22 | 27 | 32 |

_____

규칙을 찾아 물음에 답해 보세요. [5~7]

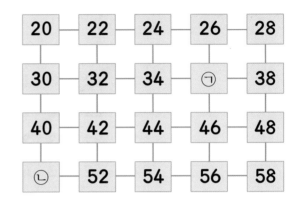

5 ㉠과 ㉡에 알맞은 수는 어떤 수인가요?

㉠ (   )

㉡ (   )

6 ☐ 안의 수들은 어떤 규칙으로 놓여 있나요?

_____

_____

7 규칙에 따라 빈칸에 알맞은 수를 써넣으세요.

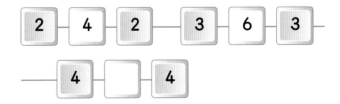

수 배열표에서 규칙 찾기

1	2	3	4	5	6	7	8	9	10
11	12	13	14	15	16	17	18	19	20
21	22	23	24	25	26	27	28	29	30
31	32	33	34	35	36	37	38	39	40
41	42	43	44	45	46	47	48	49	50
51	52	53	54	55	56	57	58	59	60
61	62	63	64	65	66	67	68	69	70
71	72	73	74	75	76	77	78	79	80
81	82	83	84	85	86	87	88	89	90
91	92	93	94	95	96	97	98	99	100

- ➡ 방향의 수들은 1씩 커지는 규칙이 있습니다.

- ⬇ 방향의 수들은 10씩 커지는 규칙이 있습니다.

- ⬊ 방향의 수들은 11씩 커지는 규칙이 있습니다.

- ⬋ 방향의 수들은 9씩 커지는 규칙이 있습니다.

개념잡기

수 배열표의 규칙

① ➡, ⬅ 의 규칙 : 낱개의 수가 1씩 커지거나 작아지는 규칙입니다.

② ⬇, ⬆ 의 규칙 : 가로줄의 칸 수만큼 커지거나 작아지는 규칙입니다.

개념확인 1 수 배열표를 보고 □ 안에 알맞은 수를 써넣으세요.

61	62	63	64	65	66	67	68	69	70
71	72	73	74	75	76	77	78	79	80
81	82	83	84	85	86	87	88	89	90
91	92	93	94	95	96	97	98	99	100

(1) ➡ 방향의 수들은 □ 씩 커지는 규칙이 있습니다.

(2) ⬇ 방향의 수들은 □ 씩 커지는 규칙이 있습니다.

기본 문제를 통해 교과서 개념을 다져요.

1 ▨에 있는 수들의 규칙을 찾아 ★에 알맞은 수를 구하세요.

51	52	53	54	55	56	57	58	59	60
61	62	63	64	65	66	67	68	69	70
						77			
						★			

(   )

👑 수 배열표를 보고 물음에 답하세요. [2~3]

51	52	53	54	55	56	57	58	59	60
61	62	63	64	65	66	67	68	69	70
71	72	73	74	75	76	77	78	79	80
81	82	83	84	85	86	87	88	89	90

❄중요

2 ▨으로 색칠한 규칙에 따라 나머지 부분에 알맞게 색칠하고, 규칙을 써 보세요.

_____

_____

3 ▨으로 색칠한 수들은 어떤 규칙이 있나요?

_____

👑 수 배열표를 보고 물음에 답하세요. [4~5]

32	33	34	35	36	37	38
39	40	41	42	43	44	45
46	47	48	49	50	51	52
53	54	55	56	57	58	59

4 ➡ 위에 있는 수들과 같은 규칙에 따라 빈 곳에 알맞은 수를 써넣으세요.

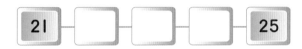

| 21 | | | | 25 |

5 ⬇ 위에 있는 수들과 같은 규칙에 따라 빈 곳에 알맞은 수를 써넣으세요.

| 63 | | | | 91 |

6 규칙에 따라 빈칸에 알맞은 수를 써넣으세요.

60		63		66		69
	72		75		78	
	81					

단원 5

1단계 개념 탄탄

5. 규칙을 여러 가지 방법으로 나타내기

교과서 개념을 이해하고 확인 문제를 통해 익혀요.

○ 규칙을 찾아 여러 가지 방법으로 나타내기

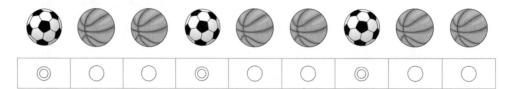

→ ⚽을 ◎, 🏀을 ○라고 정하여 위와 같이 나타낼 수 있습니다.

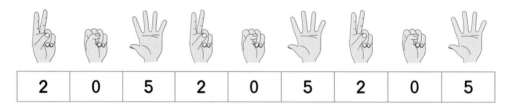

| 2 | 0 | 5 | 2 | 0 | 5 | 2 | 0 | 5 |

→ ✌를 2, ✊를 0, 🖐를 5라고 정하여 위와 같이 나타낼 수 있습니다.

개념잡기

사물의 배열에서 규칙을 찾아 여러 가지 방법으로 나타내 봅니다.

개념확인 1

보기와 같은 규칙으로 □ 안에 알맞은 모양을 그려 넣으세요.

→ ▲ ● ● ▲ ● ● ▲ ● ● □ □ □

개념확인 2

보기와 같은 규칙으로 □ 안에 알맞은 수를 써넣으세요.

→ 1 1 2 2 1 1 2 2 □ □ □ □

기본 문제를 통해 교과서 개념을 다져요.

① 참외와 포도를 규칙에 따라 늘어놓았습니다. 같은 규칙으로 □ 안에 알맞은 모양을 그려 넣으세요.

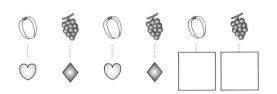

② 보기와 같은 규칙으로 □ 안에 알맞은 모양을 그려 넣으세요.

보기

➡ | | △ | | △ | | △ | | |

③ 보기와 같은 규칙으로 □ 안에 알맞은 수를 써넣으세요.

보기

➡ 2 1 2 2 1 2 | | | |

👑 동민이가 규칙을 만들어 ☆, ♥를 다음과 같이 늘어놓았습니다. 물음에 답하세요.

[4~6]

| ☆ | ♥ | ♥ | ☆ | ♥ | ♥ | | | |

단원
5

④ 동민이가 만든 규칙에 따라 빈칸에 알맞은 모양을 그려 넣고, 규칙을 써 보세요.

_____

_____

⑤ 동민이가 만든 규칙에 따라 □ 안에 ㄱ과 ㄴ을 알맞게 써넣으세요.

| ㄱ | ㄴ | ㄴ | | | | | | |

⑥ 다른 규칙을 만들어 ☆과 ♥를 늘어놓고, 규칙을 말해 보세요.

| | | | | | | | | |

_____

_____

유형 **3**　수 배열에서 규칙 찾기

- 뛰어 센 규칙을 찾아 빈 곳에 알맞은 수를 구할 수 있습니다.
- 수 배열에서 규칙을 찾을 때에는 앞의 수와 뒤의 수의 차를 구해 봅니다.

3-1 반복되는 규칙에 따라 빈 곳에 알맞은 수를 써넣으세요.

(1)

(2)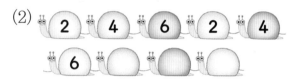

◀대표유형▶

3-2 규칙에 따라 빈 곳에 알맞은 수를 써넣으세요.

(1) 51　55　　　63

(2) 64 — 70 —　—　— 88 — 94

3-3 규칙을 찾아 □ 안에 알맞은 수를 써넣으세요.

18　22　　　30　　　38

3-4 99부터 4씩 작아지는 규칙으로 빈 곳에 알맞은 수를 써넣으세요.

99

3-5 3씩 작아지는 규칙으로 수를 늘어놓으려고 합니다. ㉠에 알맞은 수를 구하세요.

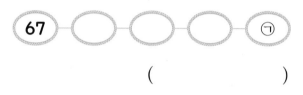

67　　　　　　㉠

(　　　　　　　)

3-6 전화기의 숫자판에 있는 수 배열입니다. 규칙을 찾아 써 보세요.

7	8	9
4	5	6
1	2	3

_____

_____

3-7 내가 정한 규칙에 따라 수를 늘어놓고 어떤 규칙인지 써 보세요.

_____

_____

유형 **4** 수 배열표에서 규칙 찾기

61	62	63	64	65	66	67	68	69	70
71	72	73	74	75	76	77	78	79	80
81	82	83	84	85	86	87	88	89	90
91	92	93	94	95	96	97	98	99	100

• ➡ 방향의 수들은 **1**씩 커지는 규칙이 있습니다.

• ⬇ 방향의 수들은 **10**씩 커지는 규칙이 있습니다.

대표유형

4-1 수 배열표를 보고 물음에 답하세요.

51	52	53	54	55	56	57	58	59	60
61	62	63	64	65	66	67	68	69	70
71	72	73	74	75	76	77	78	79	80
81	82	83	84	85	86	87	88	89	90

(1) ➡ 위에 있는 수들은 어떤 규칙이 있나요?

_____

(2) (1)과 같은 규칙이 되도록 빈 곳에 알맞은 수를 써넣으세요.

(3) ⬇ 위에 있는 수들은 어떤 규칙이 있나요?

(4) (3)과 같은 규칙이 되도록 빈 곳에 알맞은 수를 써넣으세요.

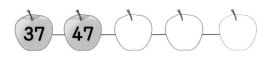

4-2 수 배열표를 보고 물음에 답해 보세요.

1	2	3	4	5	6	7	8	9	10
11	12	13	14	15	16	17	18	19	20
21	22	23	24	25	26	27	28	29	30
31	32	33	34	35	36	37	38	39	40

(1) ▦의 수들은 어떤 규칙이 있나요?

_____

(2) ▦의 규칙에 따라 나머지 부분에 알맞게 색칠해 보세요.

4-3 수 배열표를 보고 물음에 답해 보세요.

51	52	53	54	55	56	57	58	59	60
61	62	63	64	65	66	67	68	69	70
71	72	73	74	75	76	77	78	79	80
81	82	83	84	85	86	87	88	89	90
91	92	93	94	95	96	97	98	99	100

(1) ▦으로 색칠한 수들은 아래로 내려가면서 어떤 규칙이 있나요?

_____

(2) ▤으로 색칠한 수들은 아래로 내려가면서 어떤 규칙이 있나요?

_____

(3) (2)와 같은 규칙이 되도록 빈 곳에 알맞은 수를 써넣으세요.

4-4 수 배열표에서 규칙을 찾아 ▨ 에 알맞은 수를 써넣으세요.

	52			56	
			61		64
	66		68		
72					78

4-5 수 배열표에서 ▨ 으로 색칠한 칸에 들어가는 수들과 같은 규칙이 되도록 빈 곳에 알맞은 수를 써넣으세요.

43	44		46		48
			52		
			58		60

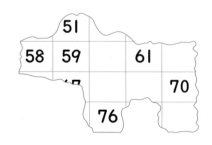

4-6 규칙에 따라 수를 적은 수 배열표가 찢어졌습니다. 빈칸에 알맞은 수를 써넣으세요.

	51		
58	59		61
			70
	76		

유형 **5** 규칙을 여러 가지 방법으로 나타내기

펼친 우산과 접힌 우산이 나열된 규칙을 다음과 같이 여러 가지 방법으로 나타낼 수 있습니다.

➡ ● ▲ ● ▲ ● ▲ ● ▲

➡ l 2 l 2 l 2 l 2

대표유형

5-1 (보기)와 같은 규칙으로 빈 곳에 알맞은 모양을 그려 넣으세요.

○	△	□			

5-2 규칙에 따라 빈칸에 알맞은 수를 써넣으세요.

🚲	🚲	🚲	🚲	🚲	🚲
2	3	2			

5-3 규칙에 따라 빈칸에 알맞은 주사위 모양을 그리고 수를 써넣으세요.

⚀	⚂	⚄	⚀		⚄
l	3	5		3	

단원 5

1 영수가 책상 위에 있는 물건들을 다음과 같이 늘어놓았습니다. 어떤 규칙이 있는지 써 보세요.

_____

_____

2 규칙에 따라 색칠하세요.

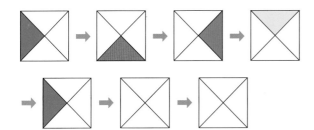

3 규칙에 따라 ○와 □ 안에 들어갈 그림에서 펼친 손가락은 모두 몇 개인가요?

( )개

4 빈칸에 들어갈 알맞은 모양과 색깔은 각각 무엇인가요?

모양 ( )
색깔 ( )

5 규칙에 따라 알맞게 색칠하고, 어떤 규칙이 있는지 써 보세요.

_____

6 모양을 규칙에 따라 다음과 같이 늘어놓았습니다. 15번째까지 늘어놓을 때 ● 모양은 모두 몇 번 나오나요?

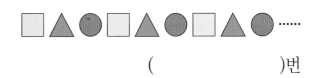

( )번

 무늬를 보고 물음에 답하세요. [7~8]

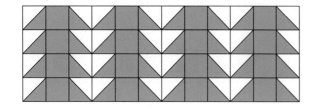

7 무늬에서 찾을 수 있는 규칙을 써 보세요.

_____

_____

8 ▨, ◤ 모양을 이용하여 새로운 규칙에 따라 무늬를 꾸며 보세요.

9 ◗ 로 규칙을 만들어 무늬를 꾸며 보세요.

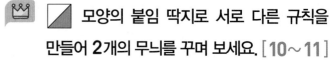 ◩ 모양의 붙임 딱지로 서로 다른 규칙을 만들어 2개의 무늬를 꾸며 보세요. [10~11]

10

11

12 다음은 어떤 모양을 이용하여 만든 규칙적인 무늬인지 알맞게 색칠해 보세요.

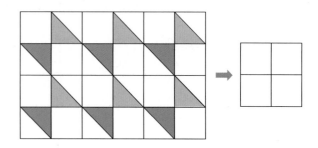

13 색칠한 규칙에 따라 빈칸에 알맞은 수를 써넣으세요.

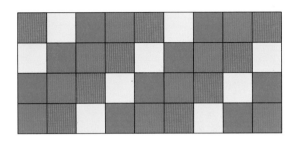

3		1		2		0	
		3	1			2	
0							

14 규칙에 따라 수를 늘어놓았습니다. ㉠과 ㉡에 알맞은 수를 구하세요.

83 — ㉠ — 71 — 65 — 59 — ㉡

㉠ : (　　　　　　　) ㉡ : (　　　　　　　)

15 규칙을 찾아 ★에 알맞은 수를 구하세요.

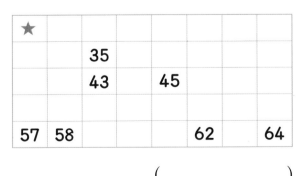

★							
		35					
		43		45			
57	58				62		64

(　　　　　　　)

16 규칙에 따라 다음과 같이 모양을 늘어놓으려고 합니다. 13번째 그림에 알맞은 모양을 그려 넣으세요.

13번째

17 1부터 100까지 적혀 있는 수 배열표의 일부분이 잘렸습니다. 규칙을 찾아 빈칸에 알맞은 수를 써넣으세요.

47		
		59
67	68		70

18 ▨으로 색칠한 칸에 들어가는 수들과 같은 규칙이 되도록 빈 곳에 알맞은 수를 써넣으세요.

57				
64	65			
		74	75	
78		81		84

19　26

19 규칙에 따라 빈 곳에 알맞은 수를 써넣으세요.

(1)
15 - 23 - 31 - 39 - ☐

(2)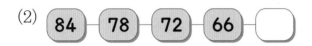
84 - 78 - 72 - 66 - ☐

20 규칙에 따라 빈 곳에 알맞은 수를 써넣으세요.

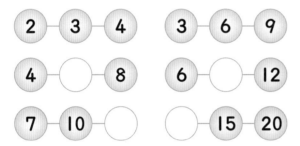

2 - 3 - 4   3 - 6 - 9

4 - ☐ - 8   6 - ☐ - 12

7 - 10 - ☐   ☐ - 15 - 20

21 서로 다른 규칙을 정하여 빈 곳에 알맞은 수를 써넣고, 규칙을 설명해 보세요.

21 - ☐ - ☐ - 27 - ☐

규칙 _____

21 - ☐ - ☐ - 27 - ☐

규칙 _____

22 유승이는 1부터 50까지의 수를 차례로 썼습니다. 유승이는 숫자 1을 모두 몇 번 썼나요?

(   )번

23 은지와 현준이는 영화를 보러 극장에 갔습니다. 좌석은 46번, 47번입니다. 그림을 보고 은지와 현준이의 자리에 ○ 하세요.

스	크	린			

2	3	4			8
10	11	12			16
18	19	20			
			30		

24 공을 늘어놓은 규칙이 다음과 같을 때, ■ 모양은 모두 몇 개를 더 그려야 하나요?

⚾ ○ ○ ⚾ ○ ○ ⚾ ○ ○

➡ | ▲ | ■ | | | | | | | |

(   )개

서술 유형 익히기

주어진 풀이 과정을 함께 해결하면서
서술형 문제의 해결 방법을 익혀요.

단원 5

유형 1

유승이는 규칙을 만들어 수 카드 늘어놓기 놀이를 하고 있습니다. 맨 마지막에 놓일 카드의 수는 얼마인지 풀이 과정을 쓰고 답을 구하세요.

27	30	33	36	39	☐

풀이 늘어놓은 수 카드에서 수들은 ☐씩 커지는 규칙이 있습니다.

따라서 맨 마지막에 놓일 카드의 수는 ☐보다 ☐ 큰 수인 ☐입니다.

답 ☐

예제 1

은지는 규칙을 만들어 수 카드 늘어놓기 놀이를 하고 있습니다. 맨 마지막에 놓일 카드의 수는 얼마인지 풀이 과정을 쓰고 답을 구하세요. [5점]

52	56	60	64	68	☐

풀이

답

유형 2

규칙을 찾아 ♥에 알맞은 수는 얼마인지 풀이 과정을 쓰고 답을 구하세요.

52	53			56	
58					
				♥	

✏️ 풀이

위쪽으로 올라가거나 아래쪽으로 내려갈수록 수들은 ☐씩 커지거나 작아집니다.

56부터 ☐씩 커지는 수들을 써 보면 **56** − ☐ − ☐ − ☐ 입니다.

따라서 ♥에 알맞은 수는 ☐ 입니다.

🧩 답 ☐

예제 2

규칙을 찾아 ★에 알맞은 수는 얼마인지 풀이 과정을 쓰고 답을 구하세요. [5점]

		50	51		53	
	56					
62						
					★	

✏️ 풀이

_____

_____

_____

🧩 답 _____

👑 유승이와 은지는 각각 규칙을 정하여 수 카드를 늘어놓는 놀이를 하였습니다. 유승이는 파란색 화살표를 따라 수 카드를 놓았고, 은지는 빨간색 화살표를 따라 수 카드를 놓았습니다. 물음에 답하세요. [1~4]

놀이 방법

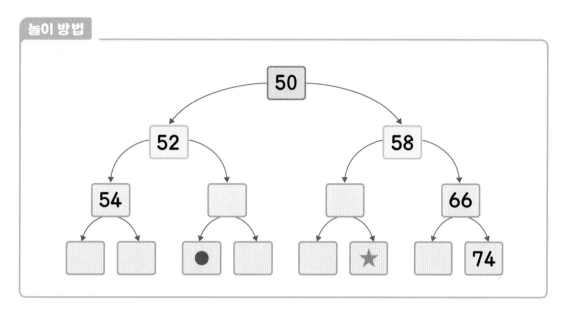

1 ↙ 화살표와 ↘ 화살표의 규칙을 찾아 각각 써 보세요.

_____

2 ●에 알맞은 수는 얼마인가요?

(   )

3 ★에 알맞은 수는 얼마인가요?

(   )

1 규칙에 따라 모양을 늘어놓았습니다.
(3점) 반복되는 부분을 ◯로 묶어 보세요.

2 규칙에 따라 빈칸에 들어갈 알맞은
(3점) 모양을 그려 넣으세요.

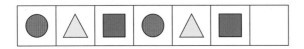

3 규칙에 따라 색칠한다면 빈칸에는 어떤
(3점) 색을 색칠해야 하나요?

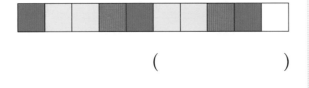

(   )

4 규칙에 따라 빈칸에 알맞은 색을 색칠해
(3점) 보세요.

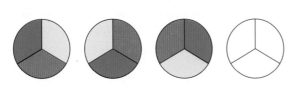

5 규칙에 따라 알맞게 색칠하세요.
(4점)

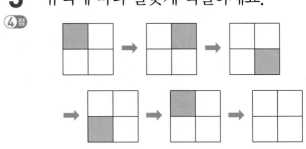

6 규칙에 따라 □ 안에 들어갈 알맞은
(4점) 물건의 이름을 쓰세요.

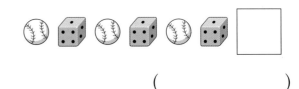

(   )

7 □ 안에 들어갈 알맞은 모양의 물건을
(4점) 찾아 기호를 쓰세요.

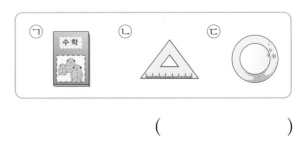

(   )

8 규칙에 맞도록 빈칸에 알맞게 색칠하세요. (4점)

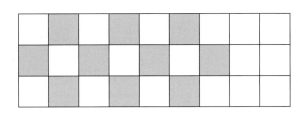

9 다음은 어떤 모양을 이용하여 만든 규칙적인 무늬인지 알맞게 색칠하세요. (4점)

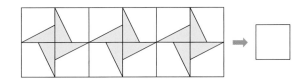

👑 규칙에 따라 빈 곳에 알맞은 수를 써넣으세요. [10~11]

10 (4점)

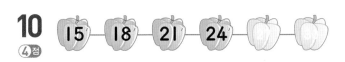

11 (4점)

12 보기 와 같은 규칙에 따라 □ 안에 알맞은 수를 써넣으세요. (4점)

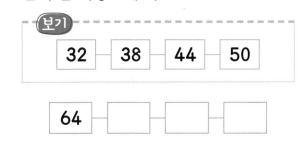

13 규칙에 따라 빈 곳에 알맞은 수를 써넣으세요. (4점)

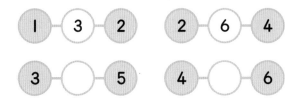

14 규칙에 따라 빈칸에 알맞은 수를 써넣으세요. (4점)

●	▲	■	●	▲	■	●
0	3	4	0	3		

15 규칙에 따라 수를 쓸 때 ㉠에 알맞은 수를 구해 보세요. (4점)

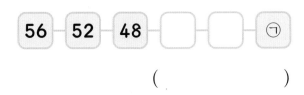

( )

👑 **수 배열표를 보고 물음에 답하세요.** [16~18]

41	42	43	44	45	46	47
		50	51	52		
55			58	59	60	61
	♥		65			68

16 ▨으로 색칠한 칸에 들어가는 수들은 어떤 규칙이 있나요?

(4점)

_____

17 ♥에 알맞은 수를 구하세요.

(4점)

(   )

18 ▨으로 색칠한 수들과 같은 규칙이 되도록 빈 곳에 알맞은 수를 써넣으세요.

(4점)

(55)—(   )—(71)—(   )—(   )

19 규칙에 따라 빈칸에 들어갈 알맞은 수를 써넣으세요.

(4점)

52				56
		60		
64				

20 규칙에 따라 빈칸에 알맞은 주사위 모양을 그리고 수를 써넣으세요.

(4점)

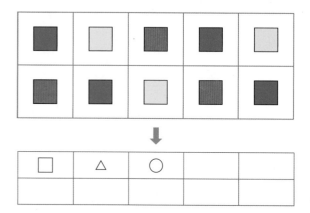

⚀	⚃	⚅	⚁	⚃	
2	4	6			

21 규칙에 따라 빈칸에 알맞은 모양을 그려 넣으세요.

(4점)

■	▨	■	■	▨
■	■	□	■	■

↓

□	△	○		

서술형

22 □, △, ○ 모양으로 규칙을 만들어
⑤점 무늬를 꾸미고, 꾸민 규칙을 써 보세요.

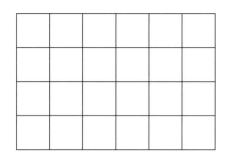

규칙

23 규칙을 찾아 설명하고, □ 안에 들어갈
⑤점 알맞은 그림을 그려 넣으세요.

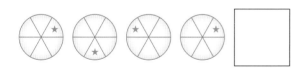

풀이

24 규칙에 따라 색칠하고 규칙을 설명해 보
⑤점 세요.

53	54	55	56	57	58	59	60
61	62	63	64	65	66	67	68
69	70	71	72	73	74	75	76

규칙

25 규칙적으로 수를 늘어놓았습니다. 규칙을
⑤점 찾아 설명하고, □ 안에 알맞은 수를 써넣
으세요.

75	79		87		

풀이

1 두 가지 모양과 두 가지 색을 사용하여 포장지에 넣고 싶은 무늬로 꾸며 보세요.

2 위 1에서 만든 무늬를 규칙적으로 그려 넣어 포장지를 만들어 보고, 그 규칙을 써 보세요.

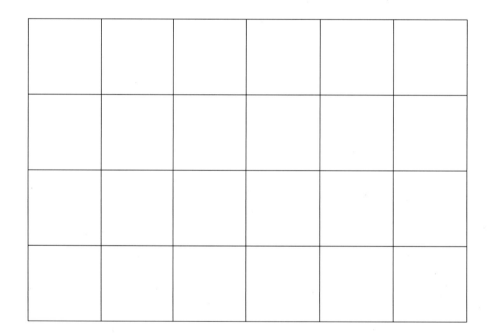

규칙

시장에 장 보러 가는 날

오늘은 어머니와 함께 시장에 장을 보러 갔습니다.

시장에는 고기와 채소, 생선 그리고 과일 등 여러 가지 종류의 물건들이 있었습니다. 거기에다 떡볶이, 만두, 김밥 같은 맛있는 먹거리들도 많았습니다.

우선, 어머니께서는 생선 가게에 들러 오징어를 사기로 하셨습니다. 생선 가게 한쪽에는 생선이 규칙대로 놓여 있었습니다.

"유승아, **9**번째에는 어떤 생선이 놓여 있어야 하는지 맞춰 볼래?"

"고등어, 오징어, 오징어가 반복되어 놓여 있는 규칙이니 **9**번째에는 오징어가 놓여 있어야 해요."

"우리 아들, 규칙을 잘 찾는걸."

어머니께서는 오징어를 **2**마리 산 다음, 채소 가게로 가셨습니다.

채소 가게 주인아저씨께서는 손님들이 채소를 쉽게 고를 수 있도록 규칙대로 늘어놓으셨습니다.

"유승아, **12**번째에는 어떤 채소가 놓여 있어야 할까?"

"당근, 당근, 배추, 배추가 반복되어 놓여 있는 규칙이니 **12**번째에는 배추가 놓여 있어야 해요."

"우리 아들, 규칙을 정말 잘 찾는구나."

"그 정도야 뭐."

마지막으로 어머니와 나는 가족들이 먹을 과일을 사러 갔습니다.

과일 가게 아저씨께서도 손님들을 위해 과일을 규칙대로 늘어놓으셨습니다.

"싱싱한 과일입니다. 과일 사세요."

"유승아, 11번째와 12번째에는 어떤 과일이 놓여 있어야 하니?"

"수박, 수박, 참외, 복숭아가 반복되어 놓여 있는 규칙이니 11번째와 12번째에는 참외와 복숭아가 차례로 있어야 해요."

"우리 아들, 규칙 찾기 박사구나."

어머니와 함께 시장을 나오는 길에 그릇 가게에 들렀습니다. 가게 안에는 예쁜 색으로 칠해진 접시들이 한 줄로 놓여 있었습니다.

"유승아, 7번째에는 그릇에는 어떻게 색칠되어 있는 그릇이 놓여야 할까?"

"먼저, 그릇들의 규칙을 찾아봐야 할 것 같아요."

어머니와 나는 집에 돌아가기 위해 버스 정류장에서 버스를 기다렸습니다. 정류장 안내판에는 다음에 올 버스 번호들이 적혀 있었습니다.

"유승아, 엄마가 문제를 하나 내볼게. 버스 번호들에서 규칙을 찾아 다음에 올 버스 번호를 맞추어 보렴."

"응, 글쎄요."

나는 버스 번호가 적혀 있는 규칙이 무엇일지 한참을 생각했습니다.

집으로 돌아오는 버스 안에서 나는 어머니께 다음번 시장에 장 보러 가실 때 따라가겠다고 말씀드렸습니다. 왜냐하면 어머니와 함께 규칙 찾는 게 너무나 재미있기 때문입니다.

😊 규칙에 맞도록 그릇 가게에 나열된 **7**번째 접시를 색칠해 보세요.

😊 다음에 올 버스 번호를 말해 보세요.

단원 6 덧셈과 뺄셈(3)

이번에 배울 내용

1 (몇십몇)＋(몇)
2 (몇십몇)＋(몇십몇)
3 (몇십몇)－(몇)
4 (몇십몇)－(몇십몇)
5 덧셈과 뺄셈의 활용

◀ 이전에 배운 내용

· 받아올림 있는 (몇)＋(몇)
· 받아내림 있는 (십몇)－(몇)

▶ 다음에 배울 내용

· 받아올림이 있는 두 자리 수의 덧셈
· 받아내림이 있는 두 자리 수의 뺄셈

☞ 32＋6의 계산

• 수 모형으로 구하기

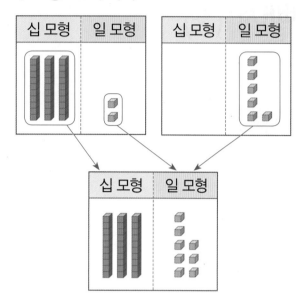

• 덧셈식을 세로로 나타내어 구하기

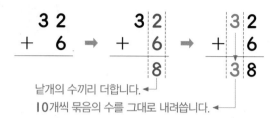

낱개의 수끼리 더합니다.

10개씩 묶음의 수를 그대로 내려씁니다.

① 10개씩 묶음의 수와 낱개의 수를 자리에 맞춰 씁니다.

② 낱개의 수끼리 더하여 낱개의 자리에 씁니다.

③ 10개씩 묶음의 수를 내려씁니다.

• 이어 세기로 구하기

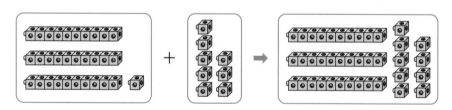

개념잡기

☞ (몇십몇)＋(몇)의 계산

　낱개의 수끼리 더하여 낱개의 자리에 쓰고, 10개씩 묶음의 수를 그대로 내려씁니다.

개념확인 연결큐브로 31＋8은 얼마인지 알아보세요.

(1) 10개씩 묶음은 몇 개인가요?

(　　　　)개

(2) 낱개 1개와 낱개 8개를 더하면 모두 몇 개인가요?

(　　　　)개

(3) 31＋8은 얼마인가요?

(　　　　)

기본 문제를 통해 교과서 개념을 다져요.

1 그림을 보고 □ 안에 알맞은 수를 써넣으세요.

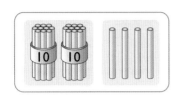

$20+4=$ □

2 그림을 보고 □ 안에 알맞은 수를 써넣으세요.

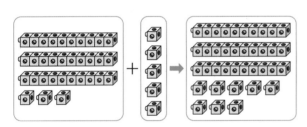

$33+5=$ □

3 □ 안에 알맞은 수를 써넣으세요.

(1)
```
  4 3       4 3       4 3
+   3  →  +   3  →  +   3
           ___       ___
```

(2)
```
    7        7        7
+ 5 1  →  + 5 1  →  + 5 1
           ___       ___
```

4 덧셈을 해 보세요.

(1)
```
  2 3
+   6
```

(2)
```
  4 1
+   8
```

(3)
```
    5
+ 6 2
```

(4)
```
    2
+ 7 6
```

5 빈 곳에 두 수의 합을 써넣으세요.

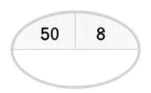

6 관계있는 것끼리 선으로 이어 보세요.

52+3 •   • 39

33+6 •   • 55

7 버스에 **25**명이 타고 있었습니다. 이번 정거장에서 **4**명이 더 탔습니다. 지금 버스에 타고 있는 사람은 모두 몇 명인가요?

식 _____

답 _____ 명

○ 25＋13의 계산

• 수 모형으로 구하기

십 모형	일 모형

• 덧셈식을 세로로 나타내어 계산하기

$$
\begin{array}{r} 2\,5 \\ +\,1\,3 \\ \hline \end{array}
\Rightarrow
\begin{array}{r} 2\,5 \\ +\,1\,3 \\ \hline 8 \end{array}
\Rightarrow
\begin{array}{r} 2\,5 \\ +\,1\,3 \\ \hline 3\,8 \end{array}
$$

낱개의 수끼리 더합니다. ◀
10개씩 묶음의 수끼리 더합니다. ◀

① 10개씩 묶음의 수와 낱개의 수를 자리에 맞춰 씁니다.
② 낱개의 수끼리 더하여 낱개의 자리에 씁니다.
③ 10개씩 묶음의 수끼리 더하여 10개씩 묶음의 자리에 씁니다.

> **참고**
> (몇십)＋(몇십), (몇십몇)＋(몇십)의 계산도 같은 방법으로 계산할 수 있습니다.

개념잡기

○ (몇십몇)＋(몇십몇)의 계산

낱개의 수끼리 더하여 낱개의 자리에 쓰고, 10개씩 묶음의 수끼리 더하여 10개씩 묶음의 자리에 씁니다.

---

1 개념확인 연결큐브로 32＋14는 얼마인지 알아보세요.

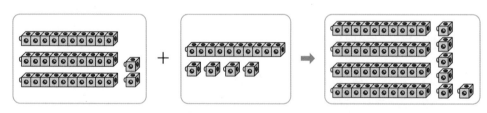

(1) 10개씩 묶음끼리 더하면 10개씩 묶음은 모두 몇 개인가요?

( )개

(2) 낱개 2개와 낱개 4개를 더하면 모두 몇 개인가요?

( )개

(3) 32＋14는 얼마인가요?

( )

기본 문제를 통해 교과서 개념을 다져요.

1 그림을 보고 □ 안에 알맞은 수를 써넣으세요.

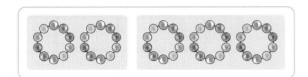

$$20+30=\boxed{}$$

2 그림을 보고 □ 안에 알맞은 수를 써넣으세요.

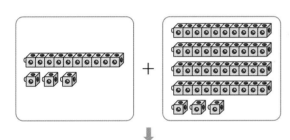

$$13+43=\boxed{}$$

3 □ 안에 알맞은 수를 써넣으세요.

(1)
$$\begin{array}{r} 7\ 3 \\ +\ 1\ 4 \\ \hline \end{array} \rightarrow \begin{array}{r} 7\ 3 \\ +\ 1\ 4 \\ \hline \boxed{\ } \end{array} \rightarrow \begin{array}{r} 7\ 3 \\ +\ 1\ 4 \\ \hline \boxed{\ } \end{array}$$

(2)
$$\begin{array}{r} 2\ 6 \\ +\ 4\ 2 \\ \hline \end{array} \rightarrow \begin{array}{r} 2\ 6 \\ +\ 4\ 2 \\ \hline \boxed{\ } \end{array} \rightarrow \begin{array}{r} 2\ 6 \\ +\ 4\ 2 \\ \hline \boxed{\ } \end{array}$$

중요

4 덧셈을 해 보세요.

(1)
$$\begin{array}{r} 3\ 6 \\ +\ 2\ 2 \\ \hline \end{array}$$

(2)
$$\begin{array}{r} 5\ 2 \\ +\ 2\ 7 \\ \hline \end{array}$$

(3)
$$\begin{array}{r} 1\ 5 \\ +\ 3\ 2 \\ \hline \end{array}$$

(4)
$$\begin{array}{r} 4\ 6 \\ +\ 1\ 3 \\ \hline \end{array}$$

5 빈 곳에 알맞은 수를 써넣으세요.

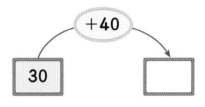

6 빈 곳에 두 수의 합을 써넣으세요.

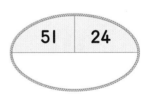

7 빨간색 구슬 **16**개와 파란색 구슬 **23**개가 있습니다. 구슬은 모두 몇 개인가요?

식 _____

답 _____ 개

유형 1 (몇십몇)+(몇)

낱개의 수끼리 더하여 낱개의 자리에 쓰고,
10개씩 묶음의 수를 그대로 내려씁니다.

$$3\,2$$
$$+\quad 3$$

➡

$$3\,2$$
$$+\ 3$$
$$\overline{\quad\ 5}$$

➡

$$3\,2$$
$$+\ 3$$
$$\overline{3\,5}$$

1-1 그림을 보고 □ 안에 알맞은 수를 써넣으세요.

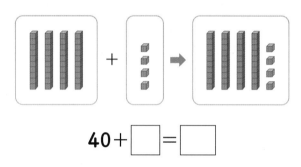

$$40+\boxed{}=\boxed{}$$

1-2 그림을 보고 □ 안에 알맞은 수를 써넣으세요.

$$7+\boxed{}=\boxed{}$$

대표유형

1-3 덧셈을 해 보세요.

(1)
$$\begin{array}{r} 3\,0 \\ +\ \ 3 \\ \hline \end{array}$$

(2)
$$\begin{array}{r} 7\,4 \\ +\ \ 5 \\ \hline \end{array}$$

(3) $40+8$

(4) $53+5$

1-4 빈칸에 알맞은 수를 써넣으세요.

+	3	7	9
60			

시험에 잘 나와요

1-5 계산이 <u>틀린</u> 것을 찾아 기호를 쓰세요.

㉠ $10+8=18$　　㉡ $40+6=46$
㉢ $5+20=25$　　㉣ $7+30=73$

(　　　　　　　)

1-6 두 수의 합을 구해 보세요.

80	4

(　　　　　　　)

1-7 빈 곳에 두 수의 합을 써넣으세요.

42	7

1-8 빈 곳에 알맞은 수를 써넣으세요.

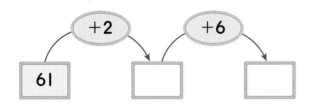

1-9 계산 결과가 더 큰 것을 찾아 ○표 하세요.

> 65+4

> 1+73

(   )   (   )

1-10 운동장에 있는 남학생은 **20**명이고 여학생은 **9**명입니다. 운동장에 있는 학생은 모두 몇 명인가요?

(   )명

1-11 가영이는 동화책을 **23**권 가지고 있었습니다. 생일 선물로 동화책을 **5**권 더 받았다면 가영이가 가지고 있는 동화책은 모두 몇 권인가요?

(   )권

유형 2 (몇십몇)+(몇십몇)

낱개의 수끼리 더하여 낱개의 자리에 쓰고, **10**개씩 묶음의 수끼리 더하여 **10**개씩 묶음의 자리에 씁니다.

$$\begin{array}{r} 1\ 3 \\ +\ 3\ 4 \\ \hline \end{array}$$ ➡ $$\begin{array}{r} 1\ 3 \\ +\ 3\ 4 \\ \hline 7 \end{array}$$ ➡ $$\begin{array}{r} 1\ 3 \\ +\ 3\ 4 \\ \hline 4\ 7 \end{array}$$

2-1 그림을 보고 □ 안에 알맞은 수를 써넣으세요.

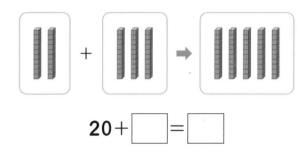

20+☐ = ☐

대표유형

2-2 그림을 보고 □ 안에 알맞은 수를 써넣으세요.

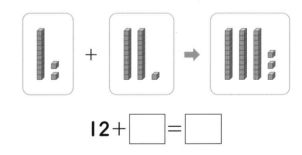

12+☐ = ☐

2-3 덧셈을 해 보세요.

(1) $$\begin{array}{r} 6\ 0 \\ +\ 3\ 0 \\ \hline \end{array}$$ (2) $$\begin{array}{r} 3\ 0 \\ +\ 4\ 0 \\ \hline \end{array}$$

(3) 10+80   (4) 40+20

대표유형

2-4 덧셈을 해 보세요.

(1)
```
   6 6
+  1 3
```

(2)
```
   1 3
+  5 2
```

(3) 35+52

(4) 48+21

2-5 빈 곳에 알맞은 수를 써넣으세요.

(1)

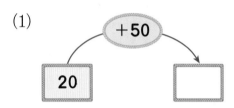

(2)

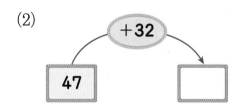

2-6 계산 결과가 같은 것끼리 선으로 이어 보세요.

20+30 ·   · 50+30

60+10 ·   · 10+40

40+40 ·   · 20+50

2-7 가장 큰 수와 가장 작은 수의 합을 구해 보세요.

| 40 | 60 | 20 | 30 |

(   )

2-8 빈칸에 알맞은 수를 써넣으세요.

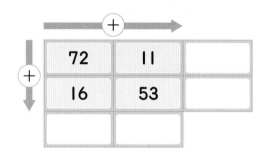

잘 틀려요

2-9 합이 89가 되는 두 수를 찾아 써 보세요.

| 26 | 33 | 11 |
| 45 | 63 | 54 |

(   )

2-10 합이 나머지 넷과 다른 하나는 어느 것인 가요? (   )

① 25+53   ② 34+44

③ 12+66   ④ 51+27

⑤ 35+42

2-11 석기는 줄넘기를 어제 **20**번, 오늘 **70**번 했습니다. 석기가 어제와 오늘 줄넘기를 한 횟수는 모두 몇 번인가요?

( )번

2-12 사탕이 **30**개씩 들어 있는 상자가 **2**상자 있습니다. 두 상자에 들어 있는 사탕은 모두 몇 개인가요?

( )개

2-13 빨간 색종이 **36**장과 파란 색종이 **43**장이 있습니다. 색종이는 모두 몇 장인가요?

( )장

2-14 영수는 붙임 딱지를 **9**월에 **22**장, 10월에 **31**장 모았습니다. 영수가 **9**월과 10월에 모은 붙임 딱지는 모두 몇 장인가요?

( )장

👑 그림을 보고 물음에 답해 보세요. [2-15~2-17]

2-15 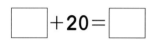 모양과 ⬤ 모양에 적힌 수의 합은 얼마인가요?

$$41 + \boxed{} = \boxed{}$$

2-16 같은 모양에 적힌 수의 합은 얼마인가요?

$$\boxed{} + 20 = \boxed{}$$

2-17 같은 색깔에 적힌 수의 합은 얼마인가요?

$$\begin{array}{c} \boxed{}\ \boxed{} \\ +\ \boxed{}\ \boxed{} \\ \hline \boxed{}\ \boxed{} \end{array}$$

2-18 그림을 보고 색종이의 수를 세어 여러 가지 덧셈식을 만들어 보세요.

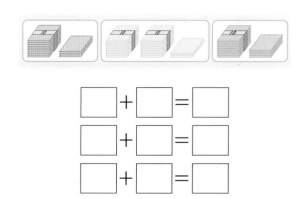

$$\boxed{} + \boxed{} = \boxed{}$$

$$\boxed{} + \boxed{} = \boxed{}$$

$$\boxed{} + \boxed{} = \boxed{}$$

단원 6

🔾 36－5의 계산

• 수 모형으로 구하기

십 모형	일 모형

↓

십 모형	일 모형

• 뺄셈식을 세로로 나타내어 계산하기

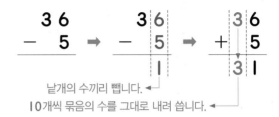

낱개의 수끼리 뺍니다.
10개씩 묶음의 수를 그대로 내려 씁니다.

① 10개씩 묶음의 수와 낱개의 수를 자리에 맞춰 씁니다.
② 낱개의 수끼리 빼서 낱개의 자리에 씁니다.
③ 10개씩 묶음의 수를 내려씁니다.

개념잡기

🔾 (몇십몇)－(몇)의 계산

낱개의 수끼리 빼서 낱개의 자리에 쓰고, 10개씩 묶음의 수를 그대로 내려씁니다.

개념확인 1

연결큐브로 26－4는 얼마인지 알아보세요.

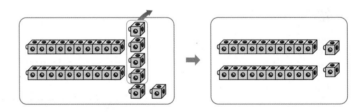

(1) 10개씩 묶음은 몇 개인가요?

(   )개

(2) 낱개 6개에서 낱개 4개를 덜어내면 남는 개수는 몇 개인가요?

(   )개

(3) 26－4는 얼마인가요?

(   )

기본 문제를 통해 교과서 개념을 다져요.

1 그림을 보고 □ 안에 알맞은 수를 써넣으세요.

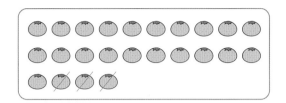

$$24-3=\boxed{}$$

2 그림을 보고 □ 안에 알맞은 수를 써넣으세요.

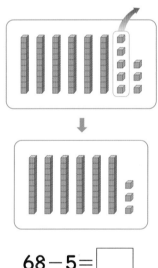

$$68-5=\boxed{}$$

3 □ 안에 알맞은 수를 써넣으세요.

(1)
$$\begin{array}{r} 9\ 8 \\ -\quad 6 \\ \hline \end{array}$$ → $$\begin{array}{r} 9\ 8 \\ -\quad 6 \\ \hline \boxed{} \end{array}$$ → $$\begin{array}{r} 9\ 8 \\ -\quad 6 \\ \hline \boxed{} \end{array}$$

(2)
$$\begin{array}{r} 4\ 9 \\ -\quad 8 \\ \hline \end{array}$$ → $$\begin{array}{r} 4\ 9 \\ -\quad 8 \\ \hline \boxed{} \end{array}$$ → $$\begin{array}{r} 4\ 9 \\ -\quad 8 \\ \hline \boxed{} \end{array}$$

 중요

4 뺄셈을 해 보세요.

(1)
$$\begin{array}{r} 5\ 7 \\ -\quad 4 \\ \hline \end{array}$$

(2)
$$\begin{array}{r} 6\ 8 \\ -\quad 4 \\ \hline \end{array}$$

(3) $88-6$

(4) $75-5$

5 빈 곳에 알맞은 수를 써넣으세요.

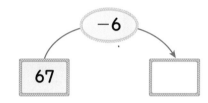

6 계산을 <u>잘못한</u> 사람의 이름을 써 보세요.

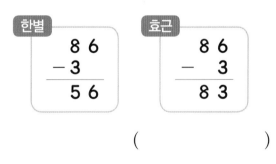

(   )

7 냉장고에 달걀이 **18**개 있었습니다. 어머니께서 음식을 하는 데 달걀 **4**개를 사용하셨습니다. 냉장고에 남아 있는 달걀은 몇 개인가요?

식 _____

답 _____ 개

단원 6

45−22의 계산

• 수 모형으로 구하기

십 모형	일 모형

↓

십 모형	일 모형

• 뺄셈식을 세로로 나타내어 계산하기

$$
\begin{array}{r} 4\ 5 \\ -\ 2\ 2 \\ \hline \end{array}
\Rightarrow
\begin{array}{r} 4\,|\,5 \\ -\ 2\,|\,2 \\ \hline \ \ \ |\,3 \end{array}
\Rightarrow
\begin{array}{r} 4\,|\,5 \\ -\ 2\,|\,2 \\ \hline 2\,|\,3 \end{array}
$$

낱개의 수끼리 뺍니다. ◀
10개씩 묶음의 수끼리 뺍니다. ◀

① 10개씩 묶음의 수와 낱개의 수를 자리에 맞춰 씁니다.
② 낱개의 수끼리 빼서 낱개의 자리에 씁니다.
③ 10개씩 묶음의 수끼리 빼서 10개씩 묶음의 자리에 씁니다.

참고
(몇십)−(몇십), (몇십몇)−(몇십)의 계산도 같은 방법으로 계산할 수 있습니다.

개념잡기

◆ (몇십몇)−(몇십몇)의 계산
낱개의 수끼리 빼서 낱개의 자리에 쓰고, 10개씩 묶음의 수끼리 빼서 10개씩 묶음의 자리에 씁니다.

---

1 개념확인

연결큐브로 **49−26**은 얼마인지 알아보세요.

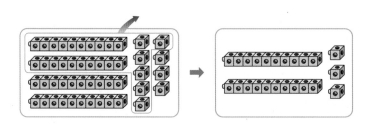

(1) 10개씩 묶음 **4**개에서 10개씩 묶음 **2**개를 덜어내면 남는 10개씩 묶음은 몇 개인가요?

( )개

(2) 낱개 **9**개에서 낱개 **6**개를 덜어내면 남는 개수는 몇 개인가요?

( )개

(3) **49−26**은 얼마인가요?

( )

기본 문제를 통해 교과서 개념을 다져요.

1 그림을 보고 □ 안에 알맞은 수를 써넣으세요.

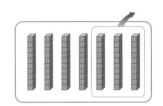

$$70-30=\boxed{}$$

2 그림을 보고 □ 안에 알맞은 수를 써넣으세요.

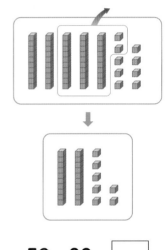

$$59-32=\boxed{}$$

3 □ 안에 알맞은 수를 써넣으세요.

(1)
$$\begin{array}{r} 5\ 6 \\ -\ 2\ 0 \\ \hline \end{array} \Rightarrow \begin{array}{r} 5\ 6 \\ -\ 2\ 0 \\ \hline \boxed{} \end{array} \Rightarrow \begin{array}{r} 5\ 6 \\ -\ 2\ 0 \\ \hline \boxed{} \end{array}$$

(2)
$$\begin{array}{r} 3\ 8 \\ -\ 1\ 6 \\ \hline \end{array} \Rightarrow \begin{array}{r} 3\ 8 \\ -\ 1\ 6 \\ \hline \boxed{} \end{array} \Rightarrow \begin{array}{r} 3\ 8 \\ -\ 1\ 6 \\ \hline \boxed{} \end{array}$$

4 뺄셈을 해 보세요.

(1)
$$\begin{array}{r} 6\ 8 \\ -\ 1\ 4 \\ \hline \end{array}$$

(2)
$$\begin{array}{r} 8\ 0 \\ -\ 3\ 0 \\ \hline \end{array}$$

(3) $75-34$

(4) $56-23$

5 빈 곳에 알맞은 수를 써넣으세요.

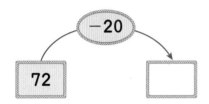

6 빈칸에 알맞은 수를 써넣으세요.

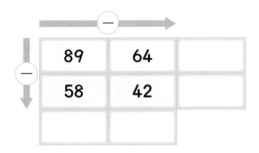

−		
89	64	
58	42	

7 딱지를 영수는 **35**장, 동민이는 **20**장 가지고 있습니다. 영수가 동민이보다 더 많이 가지고 있는 딱지는 몇 장인가요?

식 _____

답 _____ 장

덧셈과 뺄셈하기

상황에 맞도록 덧셈식과 뺄셈식을 만들어 문제를 해결할 수 있습니다.

덧셈식을 만들어 문제 해결하기

농장에 젖소가 **21**마리, 양이 **15**마리 있습니다. 농장에 있는 동물은 모두 몇 마리인지 알아보세요.

농장에 있는 동물은 모두 몇 마리인지 덧셈식을 만들어 계산해 보면 $21+15=36$입니다. 따라서 모두 **36**마리입니다.

뺄셈식을 만들어 문제 해결하기

가영이는 스티커를 **38**장 가지고 있었습니다. 그중에서 **12**장을 동생에게 주었습니다. 남은 스티커는 몇 장인지 알아보세요.

남은 스티커는 몇 장인지 뺄셈식을 만들어 계산해 보면 $38-12=26$입니다. 따라서 남은 스티커는 **26**장입니다.

👑 **그림을 보고 물음에 답하세요. [1~2]**

1 개념확인

축구공과 야구공은 모두 몇 개인가요?

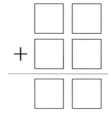

(   )개

2 개념확인

야구공은 축구공보다 몇 개 더 많나요?

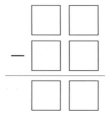

(   )개

기본 문제를 통해 교과서 개념을 다져요.

👑 문구점에 빨간 색연필이 **25**자루, 파란 색연필이 **10**자루 있습니다. 물음에 답해 보세요.

[1~2]

1 색연필은 모두 몇 자루인지 덧셈식을 써 보세요.

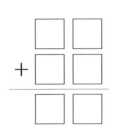

2 빨간 색연필은 파란 색연필보다 몇 자루 더 많은지 뺄셈식으로 써 보세요.

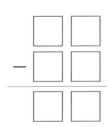

3 21 과 38 을 사용하여 보기 와 같이 덧셈식과 뺄셈식을 만들어 보세요.

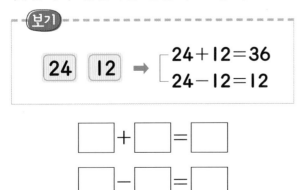

보기

24 12 → [24+12=36
              24-12=12

□ + □ = □

□ - □ = □

👑 과일 가게에는 사과가 **35**개, 배가 **21**개 있습니다. 물음에 답해 보세요. [4~5]

4 과일 가게에 있는 사과와 배는 모두 몇 개인지 식을 세워 구하세요.

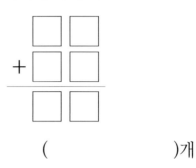

(   )개

5 사과는 배보다 몇 개 더 많은지 식을 세워 구하세요.

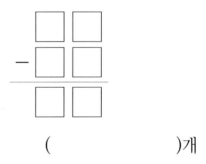

(   )개

6 빨간색 구슬은 파란색 구슬보다 몇 개 더 많은지 식을 세워 구하세요.

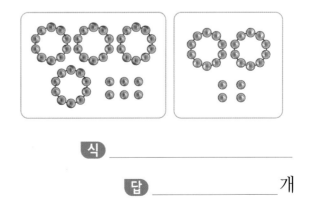

식 _____

답 _____ 개

단원 6

유형 **3** (몇십몇)−(몇)

낱개의 수끼리 빼서 낱개의 자리에 쓰고, **10**개씩 묶음의 수를 그대로 내려씁니다.

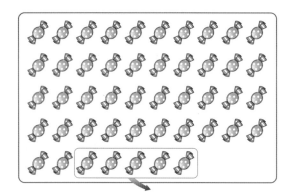

3-1 그림을 보고 □ 안에 알맞은 수를 써넣으세요.

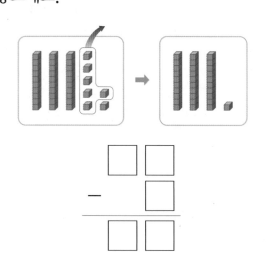

$47-5=$ □

3-2 그림을 보고 □ 안에 알맞은 수를 써넣으세요.

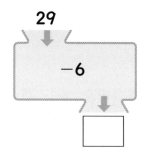

□ □
− 　□
─────
□ □

대표유형

3-3 뺄셈을 해 보세요.

(1)
　　6 8
− 　　4

(2)
　　9 7
− 　　5

(3) **84−2**　　　(4) **58−7**

3-4 □ 안에 알맞은 수를 써넣으세요.

29
↓
−6
↓
□

시험에 잘 나와요

3-5 관계있는 것끼리 선으로 이어 보세요.

| 56−5 | 97−4 | 37−3 |
| · | · | · |

| · | · | · |
| 99−6 | 58−7 | 38−4 |

3-6 영수는 색종이를 **55**장 가지고 있었습니다. 종이학을 접는 데 **4**장을 사용하였습니다. 남은 색종이는 몇 장인가요?

(　　　　　　　)장

3-7 계산에서 잘못된 곳을 찾아 바르게 계산해 보세요.

$$\begin{array}{r} 8\ 7 \\ -\ \ 3 \\ \hline 5\ 7 \end{array}$$ ➡

3-8 수 카드 중 **2**장을 골라 두 수의 차가 가장 크도록 뺄셈식을 만들고 두 수의 차를 구해 보세요.

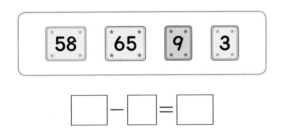

☐ － ☐ ＝ ☐

3-9 ☐ 안에 알맞은 수를 써넣으세요.

$$85-2=89-\boxed{}$$

3-10 그림을 보고 빨간색 색종이는 노란색 색종이보다 몇 장 더 많은지 뺄셈식으로 나타내 보세요.

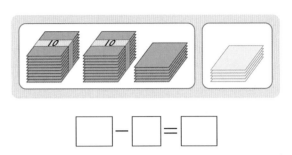

☐ － ☐ ＝ ☐

3-11 유승이는 빨간 구슬을 **29**개, 파란 구슬을 **4**개 가지고 있습니다. 빨간 구슬은 파란 구슬보다 몇 개 더 많은지 구해 보세요.

(   )개

3-12 **37－3**과 차가 같은 뺄셈식을 모두 찾아 ○표 하세요.

39－2	38－4	36－5
( )	( )	( )
35－1	34－4	27－3
( )	( )	( )

유형**4** (몇십몇)—(몇십몇)

낱개의 수끼리 빼서 낱개의 자리에 쓰고, **10**개
씩 묶음의 수끼리 빼서 **10**개씩 묶음의 자리에
씁니다.

$$
\begin{array}{r} 5\ 9 \\ -\ 2\ 6 \\ \hline \end{array}
\;\rightarrow\;
\begin{array}{r} 5\;|\;9 \\ -\ 2\;|\;6 \\ \hline |\;3 \end{array}
\;\rightarrow\;
\begin{array}{r} 5\;|\;9 \\ -\ 2\;|\;6 \\ \hline 3\;|\;3 \end{array}
$$

4-1 그림을 보고 □ 안에 알맞은 수를 써
넣으세요.

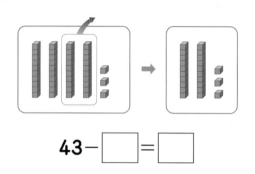

43 − □ = □

4-2 그림을 보고 □ 안에 알맞은 수를 써
넣으세요.

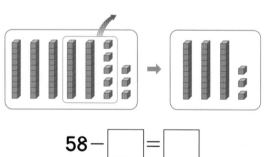

58 − □ = □

◀ 대표유형 ▶

4-3 뺄셈을 해 보세요.

(1) $\begin{array}{r} 7\ 8 \\ -\ 4\ 3 \\ \hline \end{array}$ (2) $\begin{array}{r} 8\ 5 \\ -\ 7\ 1 \\ \hline \end{array}$

(3) 95 − 13   (4) 57 − 27

4-4 ◯ 안에 >, <를 알맞게 써넣으세요.

(60 − 10) ◯ (70 − 30)

4-5 빈 곳에 두 수의 차를 써넣으세요.

68	40

🎓 시험에 잘 나와요

4-6 수수깡 **10**개씩 묶음 **7**개와 낱개 **9**개가
있습니다. 미술 시간에 수수깡 **20**개를
사용한다면 남는 수수깡은 몇 개인가요?

(   )개

4-7 운동장에 **56**명의 학생이 있습니다. 그중
에서 **32**명이 남학생일 때, 여학생은 몇
명인가요?

(   )명

4-8 가장 큰 수와 가장 작은 수의 차를 구해 보세요.

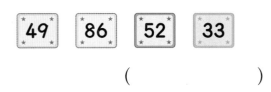

(   )

4-9 규칙에 따라 ㉠에 들어갈 알맞은 수는 어떤 수인지 구해 보세요.

| 89 | 67 | 45 | ㉠ |

(   )

4-10 유승이는 동화책을 어제 **57**쪽, 오늘 **25**쪽 각각 읽었습니다. 어제 읽은 동화책은 오늘 읽은 동화책보다 몇 쪽 더 많나요?

(   )쪽

👑 그림을 보고 물음에 답해 보세요. [4-11~4-12]

쿠폰 10장   쿠폰 12장

4-11 동민이는 쿠폰을 **27**장 가지고 있습니다. 동민이가 쿠폰을 사용하여 인형을 한 개 산다면 남는 쿠폰은 몇 장인가요?

$$\square - \square = \square$$

(   )장

4-12 지혜는 쿠폰을 **39**장 가지고 있습니다. 지혜가 쿠폰을 사용하여 공책을 산다면 남는 쿠폰은 몇 장인가요?

$$\square - \square = \square$$

(   )장

4-13 관계있는 것끼리 선으로 이어 보세요.

54-31	·		·	76-41
69-45	·		·	86-62
79-44	·		·	75-52

유형 5 덧셈과 뺄셈의 활용

상황에 맞도록 덧셈식과 뺄셈식을 만들어 문제를 해결할 수 있습니다.

👑 바구니에 밤이 32개, 호두가 10개 있습니다. 물음에 답해 보세요. [5-1~5-2]

5-1 밤과 호두는 모두 몇 개인가요?

□ + □ = □

( )개

5-2 밤은 호두보다 몇 개 더 많나요?

□ - □ = □

( )개

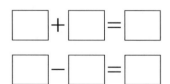

5-3 47 과 21 을 사용하여 덧셈식과 뺄셈식을 만들어 보세요.

□ + □ = □

□ - □ = □

5-4 농장에 젖소가 35마리, 양이 23마리 있습니다. 농장에 있는 젖소와 양은 모두 몇 마리인가요?

( )마리

👑 냉장고에 사과가 12개, 귤이 26개 있습니다. 물음에 답해 보세요. [5-5~5-6]

5-5 냉장고에 있는 사과와 귤은 모두 몇 개인지 구해 보세요.

식 _____ 답 ___ 개

5-6 냉장고에 있는 귤은 사과보다 몇 개 더 많은지 구해 보세요.

식 _____ 답 ___ 개

5-7 구슬을 유승이는 46개 가지고 있고 은지는 유승이보다 14개를 더 적게 가지고 있습니다. 유승이와 은지가 가지고 있는 구슬은 모두 몇 개인가요?

( )개

1 지혜네 반 학급 문고에는 책이 **32**권 있습니다. 동화책 **5**권을 더 가져오면 학급 문고에 있는 책은 모두 몇 권이 되나요?

(   )권

2 규칙을 찾아 빈 곳에 알맞은 수를 써넣으세요.

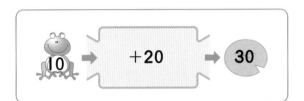

3 같은 모양의 카드에 적힌 수끼리 더하여 합을 그 모양 안에 써넣으세요.

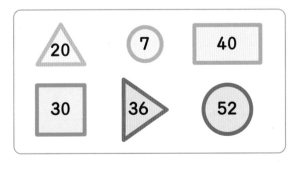

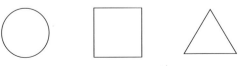

4 주머니에서 수를 하나씩 골라 덧셈식을 만들어 보세요.

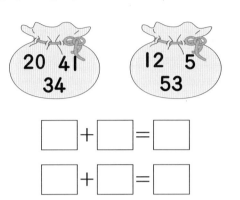

| 20 | 41 | | 12 | 5 |
| 34 | | | | 53 |

☐ + ☐ = ☐

☐ + ☐ = ☐

5 식을 보고 그림이 나타내는 수를 구해 보세요.

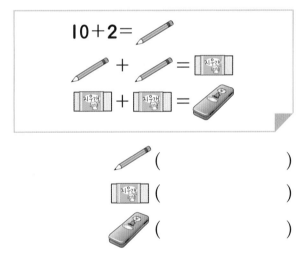

✏️ (   )

지우개 (   )

지우개 (   )

6 계산 결과가 가장 큰 것부터 차례대로 기호를 써 보세요.

㉠ 33+6   ㉡ 7+31
㉢ 34+1   ㉣ 32+5

(   )

7 두 수의 합이 **86**일 때, □ 안에 알맞은 숫자를 써넣으세요.

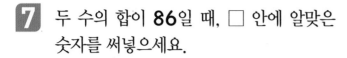

$\boxed{}$ 4　　5 $\boxed{}$

8 □ 안에 알맞은 숫자를 써넣으세요.

$$
\begin{array}{r}
\boxed{}\ 5 \\
+\ 2\ 3 \\
\hline
5\ \boxed{}
\end{array}
$$

9 두 식의 계산 결과가 같을 때 □ 안에 알맞은 수를 써넣으세요.

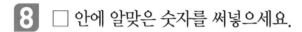

$42+7$　　$4+\boxed{}$

10 종이학을 가영이는 **20**개 접었고 예슬이는 가영이보다 **10**개 더 많이 접었습니다. 가영이와 예슬이가 접은 종이학은 모두 몇 개인가요?

(　　　　　　　)개

11 **65−3**의 계산을 세로셈으로 나타내었습니다. 잘못된 곳을 찾아 바르게 고치고 그 이유를 쓰세요.

$$
\begin{array}{r}
6\ 5 \\
-\ \ \ 3 \\
\hline
3\ 5
\end{array}
$$
→ $\boxed{}$

이유

_____

_____

12 뺄셈을 해 보고, 뺄셈을 하면서 알게 된 점은 무엇인지 써 보세요.

$47-24=\boxed{}$

$46-24=\boxed{}$

$45-24=\boxed{}$

$44-24=\boxed{}$

_____

_____

13 계산 결과가 가장 큰 것을 찾아 기호를 쓰세요.

| ㉠ 84−21 | ㉡ 68−17 |
| ㉢ 59−14 | ㉣ 97−33 |

( )

14 빈 곳에 알맞은 수를 써넣으세요.

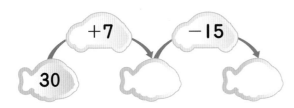

15 1부터 9까지의 숫자 중에서 □ 안에 들어갈 수 있는 숫자를 모두 써 보세요.

69−3<□8

( )

16 합과 차가 같은 것끼리 같은 색으로 칠해 보세요.

	21+3	55−15	
30+10	13+1	38−24	49−15
	22+12	54−30	

단원
6

17 계산 결과가 가장 큰 것에 ○표, 가장 작은 것에 △표 하세요.

45+20   32+34

( )   ( )

76−20   82−21

( )   ( )

18 가장 큰 수와 가장 작은 수의 차를 구하세요.

| 55 | 73 | 24 | 86 |

( )

19 □ 안에 알맞은 숫자를 써넣으세요.

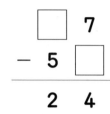

20 다음 두 식의 계산 결과가 같을 때 □ 안에 알맞은 수를 써넣으세요.

| 59−44 | 65−□ |

21 계산한 값이 **60**과 **70** 사이에 있는 것을 모두 찾아 기호를 써 보세요.

┌─────────────────────────┐
│ ㉠ 42+35   ㉡ 67−5 │
│ ㉢ 10+56   ㉣ 90−30 │
└─────────────────────────┘

( )

22 석기네 반에서 우유를 마시는 학생은 **23**명입니다. 우유 통을 보니 우유가 **11**개 남아 있습니다. 우유를 가져간 학생은 몇 명인가요?

( )명

23 과일 가게에 사과가 **40**개, 배가 **28**개 있습니다. 그중에서 사과를 **10**개, 배를 **6**개 팔았다면 남는 사과와 배는 모두 몇 개인가요?

( )개

24 사탕과 초콜릿이 모두 **59**개 있습니다. 사탕이 **23**개일 때 초콜릿은 사탕보다 몇 개 더 많나요?

( )개

서술 유형 익히기

주어진 풀이 과정을 함께 해결하면서
서술형 문제의 해결 방법을 익혀요.

유형 1

한 판에 **30**개인 달걀이 **2**판 있습니다. 그중에서 **20**개를 먹는다면 남는 달걀은 몇 개인지 풀이 과정을 쓰고 답을 구하세요.

풀이 처음에 있던 달걀은 $30+30=$ ☐ (개)입니다.

그중에서 **20**개를 먹는다면 남는 달걀은 ☐ $-20=$ ☐ (개)입니다.

답 ☐ 개

단원 6

예제 1

한 봉지에 **40**개씩 들어 있는 사탕이 **2**봉지 있습니다. 그중에서 **30**개를 먹는다면 남는 사탕은 몇 개인지 풀이 과정을 쓰고 답을 구하세요. [5점]

풀이

_____

_____

_____

_____

답 _____ 개

서술 유형 익히기

유형 2

동민이네 집에 있는 동화책은 모두 **56**권이고, 위인전은 동화책보다 **23**권 더 적습니다. 동민이네 집에 있는 위인전과 동화책은 모두 몇 권인지 풀이 과정을 쓰고 답을 구하세요.

풀이 동민이네 집에 있는 위인전은 **56 − 23 =** ⬚ (권)입니다.

따라서 동민이네 집에 있는 위인전과 동화책은 모두

56 + ⬚ **=** ⬚ (권)입니다.

답 ⬚ 권

예제 2

상자 안에 빨간색 구슬이 **36**개 들어 있고, 파란색 구슬은 빨간색 구슬보다 **24**개 더 적게 들어 있습니다. 상자 안에 있는 빨간색 구슬과 파란색 구슬은 모두 몇 개인지 풀이 과정을 쓰고 답을 구하세요. [5점]

풀이

답 개

👑 동민, 영수, 석기가 다음과 같은 방법으로 놀이를 합니다. 물음에 답하세요. [1~4]

놀이 방법

① 가위바위보를 하여 놀이의 순서를 정합니다.
② 주사위를 던져 나온 눈의 수를 ○ 안에 써넣어 덧셈식 또는 뺄셈식을 완성합니다.
③ 완성된 덧셈식 또는 뺄셈식을 계산합니다.
④ 계산 결과가 가장 큰 사람이 이깁니다.

단원
6

$24 + \bigcirc = \boxed{}$ $37 - 1\bigcirc = \boxed{}$ $3 + 2\bigcirc = \boxed{}$

동민   영수   석기

1 동민이가 던져 나온 주사위의 눈은 **5**입니다. 동민이가 완성한 덧셈식을 계산해 보세요.

$$24 + \bigcirc = \boxed{}$$

2 영수가 던져 나온 주사위의 눈은 **3**입니다. 영수가 완성한 뺄셈식을 계산해 보세요.

$$37 - 1\bigcirc = \boxed{}$$

3 석기가 던져 나온 주사위의 눈은 **4**입니다. 석기가 완성한 덧셈식을 계산해 보세요.

$$3 + 2\bigcirc = \boxed{}$$

4 놀이에서 이긴 사람은 누구인가요?

(   )

점수

1 그림을 보고 □ 안에 알맞은 수를 써넣으세요.
③점

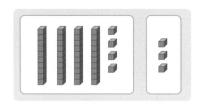

44+□=□

2 그림을 보고 □ 안에 알맞은 수를 써넣으세요.
③점

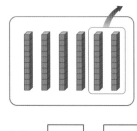

60-□=□

3 그림을 보고 덧셈식을 세워 계산하세요.
③점

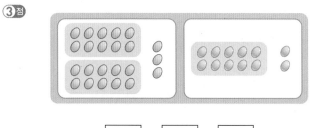

□+□=□

4 빈 곳에 알맞은 수를 써넣으세요.
③점

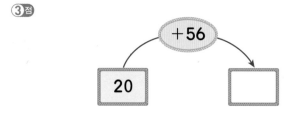

5 두 수의 합과 차를 각각 구하세요.
④점

53　21

합 (　　　　　　)

차 (　　　　　　)

6 빈 곳에 알맞은 수를 써넣으세요.
④점

7 □ 안에 알맞은 수를 써넣으세요.
④점

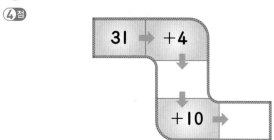

8 계산을 하세요.
④점

(1)　　3 3
　　+1 2

(2)　　7 8
　　−4 6

9 그림을 보고 **뺄셈식**을 세워 계산하세요.
(4점)

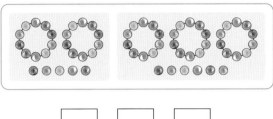

10 계산을 <u>잘못한</u> 사람은 누구인가요?
(4점)

> 가영 : 23−2=21
> 예슬 : 36+12=48
> 지혜 : 55−20=25

( )

11 계산 결과가 같은 것끼리 선으로 이어
(4점) 보세요.

53+11 ·   · 69−2

42+25 ·   · 67−17

20+30 ·   · 87−23

12 계산 결과를 비교하여 ○ 안에 >, <를
(4점) 알맞게 써넣으세요.

$$42+25 \bigcirc 80-20$$

단원
6

13 계산 결과가 나머지 넷과 <u>다른</u> 하나는
(4점) 어느 것인가요? ( )

① 1+30   ② 20+11
③ 13+21   ④ 61−30
⑤ 36−5

14 다음 중 계산 결과가 가장 큰 것은 어느
(4점) 것인가요? ( )

① 59−10   ② 77−26
③ 86−34   ④ 98−44
⑤ 65−15

15 가장 큰 수와 가장 작은 수의 차를
(4점) 구하세요.

16   7   59   28

( )

16 차가 **31**이 되는 두 수를 찾아 ○ 하세요.
(4점)

| 52 | 73 | 21 |

17 세 수를 모두 이용하여 알맞은 덧셈식을
(4점) **2**개 만들어 보세요.

| 59 | 44 | 15 |

① _____

② _____

18 과일 가게에서 오늘 사과 **42**개와 배
(4점) **36**개를 팔았습니다. 오늘 판 사과와 배
는 모두 몇 개인가요?

(   )개

19 예슬이는 연필과 볼펜을 각각 **20**자루씩
(4점) 샀습니다. 예슬이가 산 연필과 볼펜은
모두 몇 자루인가요?

(   )자루

20 □ 안에 알맞은 숫자를 써넣으세요.
(4점)

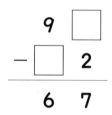

21 과일 가게에 귤이 **40**개, 키위가 **68**개
(4점) 있었습니다. 귤 **10**개와 키위 **25**개가
썩어서 버렸다면 남은 귤과 키위는 모두
몇 개인가요?

(   )개

서술형

22 사과가 **57**개, 참외가 **34**개 있습니다.
(5점) 어느 과일이 몇 개 더 많은지 풀이 과정을 쓰고 답을 구하세요.

📖 풀이

📁 답 _____ , _____ 개

23 영수는 구슬을 **36**개 가지고 있고, 가영이는 영수보다 구슬을 **13**개 더 적게 가지고 있습니다. 두 사람이 가지고 있는 구슬은 모두 몇 개인지 풀이 과정을 쓰고 답을 구하세요.
(5점)

📖 풀이

📁 답 _____ 개

24 계산 결과가 **45**보다 작은 것은 어느 것인지 풀이 과정을 쓰고 답을 구하세요.
(5점)

ㄱ **43＋6**　　ㄴ **16＋31**
ㄷ **58－5**　　ㄹ **59－15**

📖 풀이

📁 답 _____

25 가장 큰 수와 가장 작은 수의 차는 얼마인지 풀이 과정을 쓰고 답을 구하세요.
(5점)

37　59　25　41

📖 풀이

📁 답 _____

탐구 수학

👑 그림을 보고 보기와 같이 덧셈 이야기를 만들었습니다. 물음에 답하세요. [1~2]

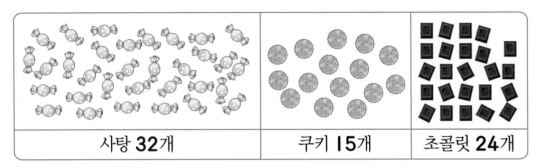

| 사탕 32개 | 쿠키 15개 | 초콜릿 24개 |

보기

나는 오늘 슈퍼마켓에서 사탕 10개와 쿠키 5개를 샀습니다. 슈퍼마켓에서 산 사탕과 쿠키는 모두 10＋5＝15(개)입니다.

① 그림을 보고 덧셈 이야기를 만들려고 합니다. ☐ 안에 수를 써넣어 덧셈 이야기를 완성해 보세요.

나는 오늘 슈퍼마켓에서 쿠키 ☐개와 초콜릿 ☐개를 샀습니다. 슈퍼마켓에서 산 쿠키와 초콜릿은 모두 ☐＋☐＝☐(개)입니다.

② 그림을 보고 덧셈 이야기를 만들어 보세요.

말디니의 아프리카 여행 준비

'이탈리아'라는 나라에는 '베네치아'라는 유명한 항구가 있습니다. 그곳에는 말디니 라는 멋쟁이 청년이 살고 있었습니다. 말디니는 어릴 적부터 옷이며 가방 같은 물건을 파는 상인으로 일해 왔습니다.

말디니는 모험심이 강하고 이곳저곳 여행을 다니는 것을 무척이나 좋아하는 상인 이었습니다.

하루는 아프리카에 여행을 다녀오신 말디니의 외삼촌께서 말디니를 찾아 왔습니다.

"말디니, 너는 어찌 이탈리아 안에서만 물건을 팔려고 하니? 혹시 나와 함께 다른 나라에 가서 물건을 팔아 보지 않을래?"

"외삼촌, 어느 나라로 가서 물건을 판다는 거예요?"

"저기 바다를 한번 봐. 큰 배들이 보이지?"

"네, 외삼촌."

"큰 배를 하나 빌려 물건을 가득 싣고 아프리카로 떠나면 돼. 그곳에는 예쁜 옷이나 가방이 부족하니 큰 돈을 벌 수 있을 거야."

말디니는 며칠 간의 고민 끝에 아프리카로 떠나기로 결심을 하였습니다.

'그래, 아프리카로 가서 새로운 도전을 해 보는 거야.'

말디니는 외삼촌과 함께 큰 배 한 척을 빌린 다음, 여행을 함께 떠날 사람을 모으는 광고를 붙였습니다.

여행을 함께 떠날 사람들도 모두 뽑고, 아프리카로 가져갈 옷, 가방 등의 물건들도 배에 가득 실었습니다. 드디어 아프리카로 떠나는 날이 되었습니다.

배 앞에서는 선원과 군인들이 모여서 이야기를 하고 있었고, 배 위에는 요리사, 짐꾼, 선장이 분주히 출항 준비를 하고 있었습니다.

"말디니, 먼저 선원과 군인들이 모두 몇 명인지 한번 알아보렴."

"30＋20＝50, 외삼촌! 50명이 있어요."

배에 올라탄 말디니는 선장 1명, 짐꾼 4명, 요리사 3명이 있는 것을 보았습니다.

"말디니, 지금 배에 타고 있는 사람은 모두 몇 명이 있는지 한번 알아보렴."

"1＋4＋3＝8, 외삼촌! 8명이 있습니다."

"음, 처음 모집했던 사람이 모두 58명이니까 50＋8＝58(명)이 맞구나."

배 앞에 있는 사람들이 모두 올라타자 외삼촌께서는 말디니에게 마지막으로 사람의 수가 정확하게 맞는지 다시 한번 세어 보라고 하셨습니다. 말디니는 다른 방법으로 사람의 수를 세어 보기로 하였습니다.

'이번에는 선원과 선장의 수를 세어서 더하고, 그다음에는 군인과 요리사, 짐꾼을 세어서 모두 더해 봐야지.'

'선원이 30명이고 선장이 1명이니까 30＋1＝31(명)이고, 군인이 20명, 요리사가 3명, 짐꾼이 4명이니까 20＋3＋4＝27(명)이구나.'

'그럼, 이 둘을 합하면 31＋27＝58. 모두 58명이니까 배에 모두 탄 것이 틀림없어.'

말디니는 부푼 꿈을 안고 아프리카로 가는 길이 너무나도 즐거웠습니다. 몇 달이 지나 금은보화를 가득 싣고 베네치아 항구로 돌아올 모습을 상상해 보는 것만으로도 행복했습니다.

😊 말디니는 여행을 떠날 사람의 수를 세기 위해 어떻게 덧셈을 하였는지 이야기해 보세요.

개념을 다지고
실력을 키우는

왕수학

기본편

정답과 풀이

1-2

(주)에듀왕

왕수학

기본편

정답과 풀이

초등

1 - 2

1단계 개념 탄탄 6쪽

1 60
2 70, 일흔

2단계 핵심 쏙쏙 7쪽

1 6, 60   **2** 7, 70
3 9, 90   **4** 80, 팔십, 여든
5 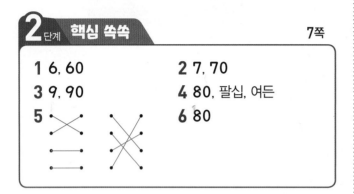   **6** 80

2 10개씩 묶음 7개는 70입니다.

4 10개씩 묶음이 8개이면 80이고 팔십 또는 여든이 라고 읽습니다.

6 10장씩 묶음이 8개이면 80입니다. 따라서 색종이 는 모두 80장입니다.

1단계 개념 탄탄 8쪽

1 79   **2** 2, 62

2단계 핵심 쏙쏙 9쪽

1 7, 4, 74
2 (1) 92   (2) 6, 6
3 (1) 육십이, 예순둘   (2) 칠십칠, 일흔일곱
4 (1) 69   (2) 76
5 석기   **6** 92

1 10개씩 묶음 7개와 낱개 4개이므로 74입니다.

3 10개씩 묶음의 수와 낱개의 수를 차례로 읽습니다.

5 사탕은 10개씩 묶음 5개와 낱개 7개이므로 모두 57개입니다.

6 낱개로 있는 달걀을 10개씩 묶어 보면 달걀은 모두 10개씩 묶음 9개와 낱개 2개이므로 92개입니다.

1단계 개념 탄탄 10쪽

1 (1) 예 손흥민 선수의 등 번호는 7번입니다.
   (2) 예 지금 시각은 12시 30분입니다.
2 (1) 팔십사   (2) 예순 다섯

2단계 핵심 쏙쏙 11쪽

1   **2** 상미

3 예 우리 할아버지의 연세는 72세이고 할머니의 연 세는 69세입니다.
4 셋 인분 → 삼 인분
5 팔 월 십 일, 열한 시 삼십 분, 십 층, 여덟 분, 열 개

2 시간은 오십 분, 육십 분과 같이 읽습니다.

3단계 유형 콕콕 12~15쪽

1-1 6, 60, 육십, 예순
1-2 (1) 7, 0   (2) 9, 0
1-3 예순, 여든, 아흔
1-4 (1) 60   (2) 90
1-5 80, 팔십, 여든

1-6 (1) 칠십, 일흔　　(2) 구십, 아흔
　　　(3) 팔십, 여든

2-1 6, 5, 65

2-2 (1) 60, 7　　　　(2) 80, 5

2-3 (1) 74　　　　　(2) 8, 6

2-4

2-5 (1) 78　　　　　(2) 94
　　　(3) 86　　　　　(4) 68

2-6 89

2-7 육십구, 예순아홉, 69

2-8 ③　　　　**2-9** 여든넷, 84

3-1 (1) (　　)　　　(2) (　　)
　　　　(○)　　　　(○)
　　　　　　　　　　　(　　)

3-2 구십이

3-3 예 3, 68, 75, 20, 97, 4

3-4 예 세, 육십팔, 일흔다섯, 이십, 구십칠, 사

3-5 (1) 육십삼　　　(2) 예순세

3-6 아흔세 또는 아흔셋

3-7 육십이 명 → 예순두 명,
　　　칠십육 명 → 일흔여섯 명

1-2 (1) 70은 10개의 묶음이 7개, 낱개가 0입니다.

1-3 10씩 커지는 수를 순서대로 읽은 것입니다.
　　50(오십, 쉰) ➡ 60(육십, 예순) ➡ 70(칠십, 일흔)
　　➡ 80(팔십, 여든) ➡ 90(구십, 아흔)

1-5 10장씩 묶음이 8개이므로 80입니다.

1-6 (1) 70은 칠십 또는 일흔이라고 읽습니다.
　　　(2) 90은 구십 또는 아흔이라고 읽습니다.
　　　(3) 80은 팔십 또는 여든이라고 읽습니다.

2-2 ■▲에서 ■는 10개씩 묶음의 수이고 ▲는 낱개의
　　　수입니다.

2-6 10개씩 묶음 8개와 낱개 9개는 89개입니다.

2-7 육십구 : 69, 예순아홉 : 69, 일흔다섯 : 75
　　　따라서 육십구, 예순아홉, 69는 같은 수입니다.

2-8 ③ 93은 구십삼 또는 아흔셋이라고 읽습니다.

2-9 십 모형 7개와 낱개 모형 14개는 십 모형 8개와
　　　낱개 모형 4개와 같으므로 모두 84개입니다.
　　　84는 팔십사 또는 여든넷으로 읽습니다.

3-6 물건을 셀 때는 한 개, 두 개 순으로 셉니다.

1단계 개념 탄탄　　　　　　　16쪽

1 (1) 55　　　　　　(2) 69
　 (3) 98　　　　　　(4) 76

2 100, 백

2단계 핵심 쏙쏙　　　　　　　17쪽

1 (1) 55, 56, 57　　(2) 78, 79, 80
　 (3) 71, 72, 73

2 (1) 63, 61　　　　(2) 100, 98

3 (1) 66　　　　　　(2) 89

4 64

5
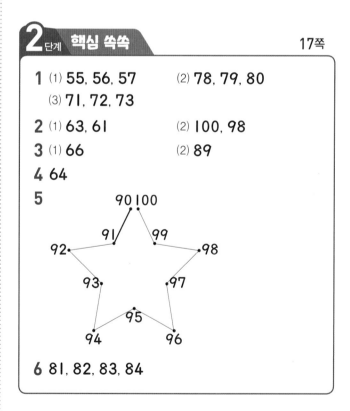

6 81, 82, 83, 84

2 (1)

　　　1만큼 더 작은 수　　1만큼 더 큰 수

　 (2) 98－99－100
　　　1만큼 더 작은 수　　1만큼 더 큰 수

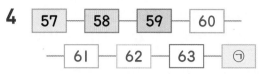

4

| 57 | 58 | 59 | 60 |

| 61 | 62 | 63 | ㉠ |

57부터 수를 순서대로 씁니다.

6 **80**부터 **85**까지의 수를 순서대로 쓰면 **80**, **81**, **82**, **83**, **84**, **85**입니다. **80**과 **85** 사이에 있는 수에 **80** 과 **85**는 들어가지 않습니다.

---

1 단계 **개념 탄탄** 18쪽

1 작습니다, 큽니다. **2** <

1 **59**는 **10**개씩 묶음이 **5**개이고, **64**는 **10**개씩 묶음 이 **6**개이므로 **59**는 **64**보다 작습니다. 또는 **64**는 **59**보다 큽니다.

---

2 단계 **핵심 쏙쏙** 19쪽

1 <, 작습니다.

2 **84**는 **61**보다 큽니다.

3 (1) **86**>**68**   (2) **95**<**99**

4 (1) <, <   (2) >, >

5 (1) >   (2) <

6 **79**, **93**

7 (1) ⑨⓪, △78   (2) △84, ⑨②

8 파란색 구슬

5 (1) 81 > 69
       8>6

  (2) 92 < 97
       2>7

6 **10**개씩 묶음의 수가 **7**보다 큰 수는 **93**이고, **10**개씩 묶음의 수가 **7**인 수 중에서 낱개의 수가 **1**보다 큰 수는 **79**입니다.
따라서 **71**보다 큰 수는 **79**, **93**입니다.

---

7 (1) 90 > 85 > 78

  (2) 92 > 87 > 84
      7>4
      9>8

8 **62**<**68**이므로 파란색 구슬이 더 많습니다.

---

1 단계 **개념 탄탄** 20쪽

1 **2**, 짝수, **9**, 홀수, **5**, 홀수, **10**, 짝수

2

, 짝수

3

△1	②	△3	④	△5
⑥	△7	⑧	△9	⑩
△11	⑫	△13	⑭	△15
⑯	△17	⑱	△19	⑳
△21	⑫	△23	⑭	△25

---

2 단계 **핵심 쏙쏙** 21쪽

1 **21**, 홀수   **2** **34**, 짝수

3 풀이 참조   **4** **5**, **33**, **12**, **24**

5 풀이 참조   **6** 배, 참외

7 풀이 참조   **8** **21**, **23**, **25**, **27**, **29**

3

| △15 | 37 | ㉒ | △11 | 23 | ㊵ |

22, **40** ➡ 짝수

15, **37**, **11**, **23** ➡ 홀수

5

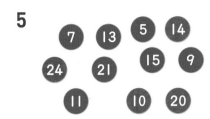

6 50, 38 → 짝수
49, 29 → 홀수

7

13	△14	15	16	17	18
19	20	21	22	○23	24

8 21부터 29까지의 수 중에서 낱개의 수가 1, 3, 5, 7, 9인 수이므로 21, 23, 25, 27, 29입니다.

3단계 **유형 콕콕**   22~24쪽

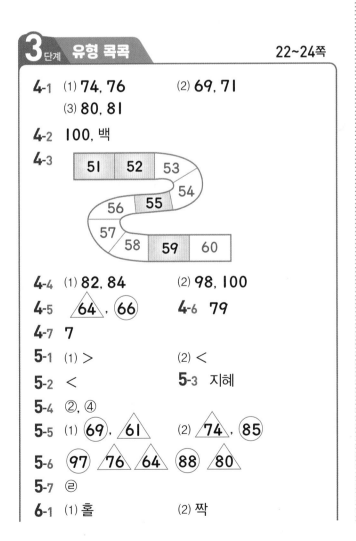

4-1 (1) **74, 76**   (2) **69, 71**
(3) **80, 81**

4-2 **100, 백**

4-3

4-4 (1) **82, 84**   (2) **98, 100**

4-5 △64 , ○66   **4-6** **79**

4-7 **7**

5-1 (1) **>**   (2) **<**

5-2 **<**   **5-3** 지혜

5-4 ②, ④

5-5 (1) ○69 , △61   (2) △74 , ○85

5-6 ○97 △76 △64 ○88 △80

5-7 ㉣

6-1 (1) **홀**   (2) **짝**

6-2 30, 48, 16   **6-3** 4
6-4 홀수   **6-5** ㉡
6-6 7   **6-7** 풀이 참조, 14

4-2 99 다음의 수는 100이라 하고, 백이라고 읽습니다.

4-4 (1) 83보다 1만큼 더 작은 수는 82이고, 1만큼 더 큰 수는 84입니다.
(2) 99보다 1만큼 더 작은 수는 98이고, 1만큼 더 큰 수는 100입니다.

4-5 65보다 1만큼 더 큰 수는 66이고, 1만큼 더 작은 수는 64입니다.

4-6 ★보다 1만큼 더 큰 수가 80이므로 ★은 80보다 1만큼 더 작은 수입니다. 따라서 80보다 1만큼 더 작은 수는 80 바로 앞의 수인 79입니다.

4-7 87부터 95까지 수를 순서대로 써 보면 87, 88, 89, 90, 91, 92, 93, 94, 95입니다. 87과 95 사이에 있는 수에는 87과 95가 들어가지 않으므로 87과 95 사이에 있는 수는 모두 7개입니다.

5-1 (1) 83 > 78   (2) 55 < 59
⎣ 8>7 ⎦   ⎣ 5<9 ⎦

5-2 여든셋은 83, 팔십사는 84입니다. 83과 84는 10개씩 묶음의 수가 같고 낱개의 수를 비교하면 3<4이므로 83<84입니다.

5-3 68과 63은 10개씩 묶음의 수가 같으므로 낱개의 수를 비교하면 8>3입니다. 따라서 지혜가 색종이를 더 많이 가지고 있습니다.

5-4 ① 72<83   ③ 59<61   ⑤ 81<86

5-5 (1) 69>65>61   (2) 85>77>74
(5>1 위, 9>5 아래)   (7>4 위, 8>7 아래)

5-7 10개씩 묶음의 수를 비교해 보면 5<7<8<9이므로 가장 큰 수는 ㉣ 98입니다.

1. 100까지의 수 ◆ **5**

6-1 (1) ☆이 **29**개입니다.
(2) ☆이 **26**개입니다.

6-2 짝수는 낱개의 수가 **0, 2, 4, 6, 8**인 수입니다.
따라서 짝수는 **30, 48, 16**입니다.

6-3 홀수는 낱개의 수가 **1, 3, 5, 7, 9**인 수입니다.
따라서 홀수는 **43, 11, 19, 29**로 모두 **4**개입니다.

6-4 **28, 29, 30, 31, 32, 33**이므로 ㉠에 알맞은 수
는 **33**입니다. **33**은 홀수입니다.

6-5 ㉠ **20**   ㉡ **35**   ㉢ **44**

6-6 **15**보다 작은 홀수는 **1, 3, 5, 7, 9, 11, 13**으로
모두 **7**개입니다.

6-7

⑳	21	㉒	23	㉔	25	㉖
27	㉘	29	㉚	31	㉜	33
㉞	35	㊱	37	㊳	39	㊵
41	㊷	43	㊹	45	㊻	47

4 단계 실력 팍팍   25~28쪽

1 6   **2** 70

3 12, 7   **4** ③, ⑤

5 2, 3   **6** 63

7 78

8 (1) ⑩ 영수는 독서를 칠십오 분 동안 하였습니다.
    ⑩ 동생은 구슬을 일흔다섯 개 가지고 있습니다.
(2) ⑩ 도서관에 가려면 구십 번 버스를 타야 합니다.
    ⑩ 우리 집에서 학교까지의 거리는 아흔 걸음입
    니다.

9 육십오 → 예순다섯   **10** 홀수

11 ㉣   **12** 10

13 ④

---

14    **15** 풀이 참조
                              16 풀이 참조
                              17 66

18 79, 80, 81, 82   **19** 59, 69, 72, 75
20 81, >, 80   **21** 34, 38, 25, 39
22 (1) 4, 5   (2) 4, 5, 6
23 5

1 상자 **1**개에 구슬을 **10**개씩 담을 수 있습니다. 구슬
은 **10**개씩 묶음이 **6**개이므로 모두 담으려면 상자는
6개 필요합니다.

2 색종이 **9**묶음 중에서 **2**묶음을 동생에게 주었으므로
9−**2**=**7**(묶음)이 남았습니다.
따라서 동민이에게 남은 색종이는 **70**장입니다.

3 **62**는 **10**개씩 묶음 **6**개와 낱개 **2**개인 수이고 **10**개
씩 묶음 **5**개와 낱개 **12**개인 수와 같습니다. **85**는
10개씩 묶음 **8**개와 낱개 **5**개인 수이고 **10**개씩 묶
음 **7**개와 낱개 **15**개인 수와 같습니다.

4 바둑돌을 **10**개씩 묶어 세어 보면 **10**개씩 **6**묶음과
낱개 **9**개이므로 **69**개입니다.
① 70   ② 70   ③ 69   ④ 68   ⑤ 69

5 **56**은 십 모형이 **5**개, 낱개 모형이 **6**개입니다.
주어진 그림에서 십 모형은 **7**개, 낱개 모형은 **9**개이
므로 십 모형을 **2**개, 낱개 모형을 **3**개 빼내야 합니다.

6 **10**개씩 **6**상자이고 낱개가 **3**개이므로 모두 **63**개입
니다.

7 한별이가 가지고 있는 색종이는 **10**장씩 **7**묶음과 낱
개 **8**장입니다. 따라서 색종이는 모두 **78**장입니다.

10 ㉠에 알맞은 수는 **45**이므로 홀수입니다.

11 ㉠ **100**   ㉡ **100**   ㉢ **100**   ㉣ **99**

12 **10**보다 크고 **32**보다 작은 수 중에서 짝수는 **12**,
14, 16, 18, 20, 22, 24, 26, 28, 30으로 모두
10개입니다.

13 ④ 장미꽃 육십사 송이 → 예순네 송이

14 ・98 ➡ 93보다 5만큼 더 큰 수, 99보다 1만큼 더 작은 수
・79 ➡ 76보다 3만큼 더 큰 수, 80보다 1만큼 더 작은 수
・68 ➡ 67보다 1만큼 더 큰 수, 78보다 10만큼 더 작은 수

15
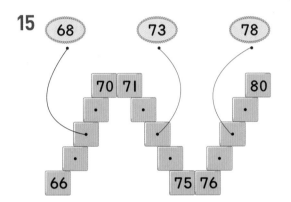

16
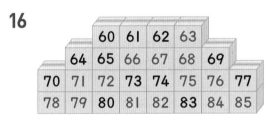

17 56과 70 사이의 수는 57, 58, 59, 60, 61, 62, 63, 64, 65, 66, 67, 68, 69이고 이 중 낱개의 수가 6인 수는 66입니다.

18 78과 83 사이의 수이므로 79, 80, 81, 82입니다.

19 10개씩 묶음의 수를 비교해 보면 75는 7, 69는 6, 72는 7, 59는 5이고, 10개씩 묶음의 수가 같은 75와 72를 비교해 보면 낱개의 수가 작은 72가 75보다 작습니다. 따라서 가장 작은 수부터 차례대로 써 보면 59, 69, 72, 75입니다.

20 82보다 1만큼 더 작은 수는 81이고, 79보다 1만큼 더 큰 수는 80입니다. ➡ 81>80

21 짝수 : 38, 34 ➡ 34<38
홀수 : 39, 25 ➡ 25<39

22 (1) 10개씩 묶음의 수가 같으므로 낱개의 수가 3보다 커야 합니다. 따라서 4, 5가 들어갈 수 있습니다.

(2) □4의 낱개의 수가 1보다 크므로 10개씩 묶음의 수가 7보다 작아야 합니다. 따라서 4, 5, 6이 들어갈 수 있습니다.

23 □7>50이므로 □ 안에 들어갈 수 있는 숫자는 5, 6, 7, 8, 9입니다. 따라서 구하려고 하는 수는 57, 67, 77, 87, 97이므로 모두 5개입니다.

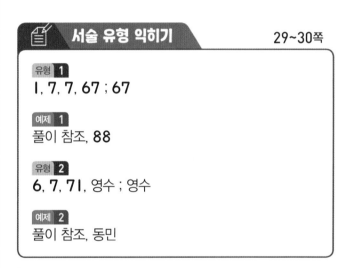

서술 유형 익히기 29~30쪽

유형 1
1, 7, 7, 67 ; 67

예제 1
풀이 참조, 88

유형 2
6, 7, 71, 영수 ; 영수

예제 2
풀이 참조, 동민

1 낱개로 있는 달걀을 10개씩 묶어 보면 10개씩 묶음 2개와 낱개 8개입니다. ─ ①
따라서 달걀은 모두 10개씩 묶음 8개와 낱개 8개이므로 88개입니다. ─ ②

평가기준	배점
① 낱개로 있는 달걀을 10개씩 묶은 경우	2점
② 달걀이 모두 몇 개인지 바르게 설명한 경우	2점
③ 답을 구한 경우	2점

2 10개씩 묶음의 수가 같고, 52는 55보다 낱개의 수가 더 작으므로 52가 55보다 더 작습니다. ─ ①
따라서 동민이가 줄넘기를 더 적게 했습니다. ─ ②

평가기준	배점
① 52와 55의 크기를 비교한 경우	2점
② 줄넘기를 더 적게 한 사람이 누구인지 바르게 설명한 경우	2점
③ 답을 구한 경우	1점

놀이 수학　　31쪽

1 지혜
2 영수
3 영수

3 ・영수 : 2회, 3회, 5회 ➡ 3점
　・지혜 : l회, 4회 ➡ 2점
　영수가 얻은 점수가 더 많으므로 놀이에서 이긴 사람
　은 영수입니다.

단원 평가　　32~35쪽

1 90
2 (선 연결)
3 8, 90
4 70
5 (1) 95　　(2) 63
　(3) 66
6 ⑤
7 육십구 명 ─→ 예순아홉 명
8 l4, 20, 48　　9 ③, ⑤
10 풀이 참조　　11 l00, 백
12 79, 81　　13 70
14 88, 89　　15 ＜
16 (1) 67＜51　　(2) 90＜92
17 ⑳80, △69
18 복숭아, 파인애플, 사과
19 6, 7, 8, 9　　20 동민
21 92, 83　　22 풀이 참조, 72
23 풀이 참조, 7　　24 풀이 참조, 귤
25 풀이 참조, 4

1 l0개씩 묶음이 9개이므로 90입니다.

4 l0개씩 묶음이 7개이므로 곶감은 모두 70개입니다.

6 ⑤ 87은 팔십칠 또는 여든일곱이라고 읽습니다.

9 ① 홀수　② 홀수　③ 짝수　④ 홀수　⑤ 짝수

10 오른쪽으로 갈수록 수가 l씩 커집니다.

60	61	62	63	64	65	66
67	68	69	70	71	72	73
74	75	76	77	78	79	80

12 80보다 l만큼 더 작은 수는 79이고, l만큼 더 큰
　수는 81입니다.

13 예순아홉은 69이고 69보다 l만큼 더 큰 수는 70입
　니다. 따라서 l학년 여학생은 70명입니다.

14 87부터 90까지 수의 순서는 87, 88, 89, 90이
　고, 87과 90 사이에 있는 수에는 87과 90이 들어
　가지 않으므로 88, 89입니다.

15 예순일곱 : 67, 아흔여섯 : 96
　67은 l0개씩 묶음이 6개이고, 96은 l0개씩 묶음
　이 9개이므로 67＜96입니다.

16 참고 ●는 ♥보다 큽니다. ➡ ●＞♥
　　★은 ■보다 작습니다. ➡ ★＜■

17 l0개씩 묶음의 수를 비교해 보면 72는 7, 80은 8,
　69는 6, 77은 7이므로 가장 큰 수는 80이고 가장
　작은 수는 69입니다.

18 ・사과 : 80개
　・파인애플 : 81개
　・복숭아 : 83개
　l0개씩 묶음의 수가 모두 같으므로 낱개의 수를 비
　교하면 83＞81＞80입니다.

19 56＜□4에서 l0개씩 묶음의 수가 5보다는 커야
　하므로 □ 안에 들어갈 수 있는 숫자는 5보다 큰 6,
　7, 8, 9입니다.

20 ・가영 : 80보다 크고 82보다 작은 수는 81입니다.
　・동민 : 67부터 73까지 수의 순서는 67, 68,
　　　　 69, 70, 71, 72, 73이고, 67과 73 사
　　　　 이에 있는 수에는 67과 73이 들어가지 않
　　　　 습니다. 따라서 67과 73 사이에 있는 수는

모두 **5**개입니다.(○)
· 지혜 : **10**개씩 묶음 **9**개와 낱개 **6**개는 **96**입니다.
따라서 바르게 말한 사람은 동민입니다.

21 · 아흔둘 ➡ **92**
· **10**개씩 묶음 **7**개와 낱개 **13**개 ➡ **83**
· **90**보다 **1**만큼 더 큰 수 ➡ **91**
92>**91**>**83**이므로 가장 큰 수는 **92**이고 가장 작은 수는 **83**입니다.

서술형

22 낱개 **12**개는 **10**개씩 묶음 **1**개와 낱개 **2**개와 같습니다. ─①

따라서 구슬은 모두 **10**개씩 묶음 **7**개와 낱개 **2**개이므로 **72**개입니다. ─②

평가기준	배점
① 낱개로 있는 구슬을 **10**개씩 묶어 표현한 경우	2점
② 구슬의 개수를 구한 경우	2점
③ 답을 구한 경우	1점

23 **67**은 **10**개씩 묶음 **6**개와 낱개로 **7**개인 수입니다. ─①

10개씩 묶음 **6**개를 담는 데 필요한 상자는 **6**개이고, 낱개 **7**개도 상자에 담아야 하므로 필요한 상자는 적어도 **7**개입니다. ─②

평가기준	배점
① **67**은 **10**개씩 묶음 몇 개와 낱개로 몇 개인지 구한 경우	2점
② 적어도 필요한 상자의 개수를 구한 경우	2점
③ 답을 구한 경우	1점

24 낱개 **16**개는 **10**개씩 묶음 **1**개와 낱개 **6**개와 같으므로 귤은 모두 **10**개씩 묶음 **8**개와 낱개 **6**개입니다. ─①

따라서 **10**개씩 묶음의 수가 같고, 낱개의 수는 귤이 더 크므로 귤이 사과보다 더 많습니다. ─②

평가기준	배점
① 낱개로 있는 귤을 **10**개씩 묶어 표현한 경우	2점
② 귤과 사과의 낱개의 수를 이용하여 어느 것이 더 많은지 비교한 경우	2점
③ 답을 구한 경우	1점

25 **70**보다 크고 **80**보다 작은 수는 **71**, **72**, **73**, **74**, **75**, **76**, **77**, **78**, **79**입니다. ─①

이 중 짝수는 **72**, **74**, **76**, **78**이므로 모두 **4**개입니다. ─②

평가기준	배점
① **70**보다 크고 **80**보다 작은 수를 구한 경우	2점
② **70**보다 크고 **80**보다 작은 짝수를 구해 모두 몇 개인지 구한 경우	2점
③ 답을 구한 경우	1점

🔮 탐구 수학   36쪽

1 풀이 참조
2 예 낱개의 수가 **0**, **2**, **4**, **6**, **8**로 끝납니다.
3 풀이 참조
4 예 낱개의 수가 **1**, **3**, **5**, **7**, **9**로 끝납니다.

1, 3

⚠	②	③	④	⑤	⑥
⑦	⑧	⑨	⑩	⑪	⑫
⑬	⑭	⑮	⑯	⑰	⑱
⑲	20	㉑	22	㉓	24
㉕	26	㉗	28	㉙	30
㉛	32	㉝	34	㉟	36

🏠 생활 속의 수학   37~38쪽

·**60**	·**100**

1단계 개념 탄탄 40쪽

1 (1)

호랑이	사자	기린
○ ○	○ ○ ○ ○	○

(2) 6, 7, 7 ; 6, 6, 7　(3) 7

2단계 핵심 쏙쏙 41쪽

1 6

2 (1) 6, 9, 9　　　　(2) 6, 8, 8

3 8, 7, 7, 8

4 (1) 7　　　　　　(2) 9

5 6　　　　　　**6**

7 1+5+3=9, 9

4 (1) 2+3+2=5+2=7
　　(2) 4+1+4=5+4=9

5 3+1+2=4+2=6

6 ・2+2+2=4+2=6
　　・2+1+4=3+4=7
　　・1+3+1=4+1=5

1단계 개념 탄탄 42쪽

1 (1)~(2) 풀이 참조　(3) 5, 3, 3 ; 5, 5, 3
　　(4) 3

1 (1) 예

(2) 예

2단계 핵심 쏙쏙 43쪽

1 2

2 (1) 4, 3, 3　　　　(2) 4, 3, 3

3 5, 8, 8, 5

4 (1) 4　　　　　　(2) 2

5 1　　　　　　**6**

7 6−3−2=1, 1

4 (1) 7−2−1=5−1=4
　　(2) 9−5−2=4−2=2

5 8−6−1=2−1=1

6 ・7−4−1=3−1=2
　　・5−2−3=3−3=0
　　・9−4−4=5−4=1

3단계 유형 콕콕 44~45쪽

1-1 8

1-2 (1) 6, 9, 9　　　　(2) 9, 7, 7, 9

1-3 (1) 8　　　　　　(2) 7

1-4 ㉠

1-5 (1) 3, 3, 8　　　　(2) 4, 2, 3, 9

1-6 (1) =　　　　　　(2) >
　　(3) <

1-7 8

2-1 4, 2, 3

2-2 (1) 2, 1, 1　　　　(2) 3, 5, 5, 3

2-3 (1) 1　　　　　　(2) 2

2-4 (1) 3, 2, 3　　　　(2) 9, 4, 3, 2

2-5 (1) <　　　　　　(2) =
　　(3) >

2-6 5

1-3 (1) $5+1+2=6+2=8$
     (2) $2+3+2=5+2=7$

1-4 ㉠ 9 ㉡ 7

1-6 (1) $3+2+2=5+2=7$, $4+3=7$
     (2) $3+4+2=7+2=9$, $5+2=7$
     (3) $4+2+1=6+1=7$, $4+5=9$

1-7 $2+1+5=8$(개)

2-3 (1) $7-1-5=6-5=1$
     (2) $8-2-4=6-4=2$

2-5 (1) $8-3-4=1$, $6-4=2$
     (2) $9-5-1=3$, $8-5=3$
     (3) $8-2-3=3$, $9-7=2$

2-6 $8-2-1=6-1=5$(개)

1 단계 **개념 탄탄**   46쪽

1 (1)
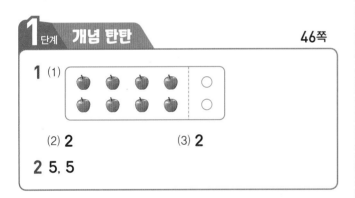
  (2) **2**   (3) **2**

2 5, 5

2 단계 **핵심 쏙쏙**   47쪽

1 7   **2** 9, 1
3 3   **4** 2, 10 ; 6, 10
5 (1) 8   (2) 5
   (3) 1

6
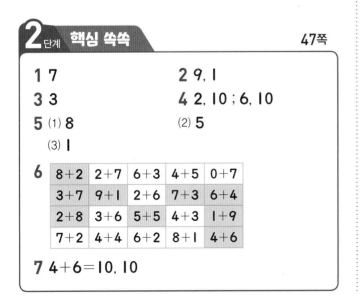

7 $4+6=10$, 10

1 단계 **개념 탄탄**   48쪽

1 (1) 예

  (2) **3**   (3) **3**

2 2, 8

2 단계 **핵심 쏙쏙**   49쪽

1 5   **2** 6
3 10, 9   **4**
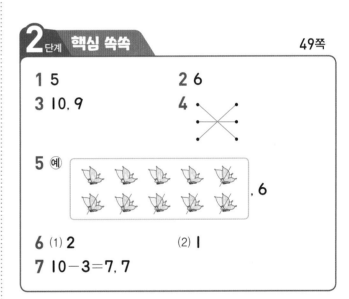
5 예
, 6

6 (1) 2   (2) 1
7 $10-3=7$, 7

5 나비가 **4**마리 남을 때까지 /으로 지우면 **6**마리가 지워집니다.

6 (2) $10-\square=9 \Rightarrow \square=1$

1 단계 **개념 탄탄**   50쪽

1 (1) 10   (2) 10, 17, 17, 17

2 단계 핵심 쏙쏙   51쪽

1 10, 2, 12 　　　　**2** 10, 14, 14
3 10, 12, 12
4 (1) 13 　　　　　　(2) 18
5 (1)

9
1
4
→ 14

(2)

5
2
8
→ 15

6

7 7+4+3=14, 14

---

4 (1) 3+9+1=13
10
13

(2) 4+8+6=18
10
18

5 (1) 1+9+4=14
10
14

(2) 2+8+5=15
10
15

6 ・6+4+7=10+7=17
・9+2+1=10+2=12
・3+8+2=3+10=13
・6+5+5=6+10=16

3 단계 유형 콕콕   52~54쪽

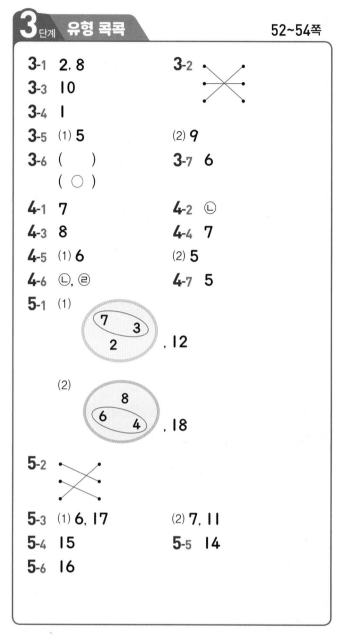

3-1 2, 8 　　　　　**3**-2 ✕
3-3 10
3-4 1
3-5 (1) 5 　　　　　(2) 9
3-6 (　　)
　　　(○)　　　　　**3**-7 6

4-1 7 　　　　　　　**4**-2 ㉡
4-3 8 　　　　　　　**4**-4 7
4-5 (1) 6 　　　　　(2) 5
4-6 ㉡, ㉣ 　　　　 **4**-7 5
5-1 (1)

7
3
2
, 12

(2)

8
6
4
, 18

5-2

5-3 (1) 6, 17 　　　　(2) 7, 11
5-4 15 　　　　**5**-5 14
5-6 16

3-1 연필 2자루와 8자루를 더하면 10자루입니다.

3-2 5+5=10, 6+4=10, 7+3=10

3-3 (남자 어린이 수)+(여자 어린이 수)
　　 =3+7=10(명)

3-4 다람쥐가 10마리 되려면 1마리가 더 있어야 합니다.

3-5 (1) 5와 더해서 10이 되는 수는 5입니다.
　　 (2) 1을 더해서 10이 되는 수는 9입니다.

3-6 ・8+□=10 ➡ □=2
　　 ・□+3=10 ➡ □=7

3-7 더 사 온 초콜릿을 ☐개라고 하면
4+☐=10 ➡ ☐=6입니다.

4-1 10에서 3을 빼면 7입니다.

4-2 ㉠ 2, ㉡ 5, ㉢ 3이므로 계산한 값이 가장 큰 것은
㉡입니다.

4-3 10−2=8(개)

4-4 모자가 3개 남도록 하려면 모자 7개를 지워야 합니다.

4-5 (1) 10에서 빼어서 4가 되는 수는 6입니다.
(2) 10에서 빼어서 5가 되는 수는 5입니다.

4-6 ㉠ 10−☐=7 ➡ ☐=3
㉡ 10−☐=2 ➡ ☐=8
㉢ 3+☐=10 ➡ ☐=7
㉣ 2+☐=10 ➡ ☐=8

4-7 색종이 10장에서 5장이 남도록 하려면 색종이
5장을 사용해야 합니다.

5-1 (1) 7+3+2=10+2=12
(2) 8+6+4=8+10=18

5-2 8+2+4=10+4=14, 6+5+5=6+10=16,
9+6+4=9+10=19, 3+4+7=10+4=14,
1+6+9=10+6=16, 2+8+9=10+9=19

5-3 (1) 7+4+6=7+10=17
(2) 3+7+1=10+1=11

5-4 나온 눈의 수는 4, 6, 5입니다.
➡ 4+6+5=10+5=15

5-5 7+3+4=10+4=14(권)

5-6 6+2+8=6+10=16(권)

4단계 실력 팍팍

1 ⑤	**2** ㉡, ㉢, ㉠, ㉣
3 10	**4** 2
5 3	**6** 풀이 참조
7 풀이 참조	**8** 4
9 10	**10** ㉣, ㉢, ㉠, ㉡
11 ✕	**12** 7과 3 또는 3과 7
	13 3
14 13	**15** 9
16 4	**17** 16
18 1	**19** 5
20 13	**21** 5
22 6	**23** 3, 7 ; 3, 3
24 ㉢, ㉠, ㉡	

1 ① 2 ② 10 ③ 4 ④ 8 ⑤ 5
따라서 계산 결과가 홀수인 것은 ⑤입니다.

2 ㉠ 2+4+1=7   ㉡ 4+3+2=9
㉢ 2+1+5=8   ㉣ 1+3+1=5

3 ・유승 : 5+4−3=6
・지은 : 10−8+1=3
・새롬 : 8−4−3=1
따라서 6+3+1=10입니다.

4 ・(1반이 넣은 골의 합)=2+3+4=9(골)
・(다른 반이 넣은 골의 합)=1+4+2=7(골)
➡ 9−7=2(골)

5

남은 사탕   영수가 먹은   동민이가
              사탕   먹은 사탕

6

$3+7=10$, $1+9=10$, $4+6=10$, $8+2=10$,
$5+5=10$, $9+1=10$, $2+8=10$, $7+3=10$

7

6	2	8	1
4	5	5	9
3	7	4	6

$6+4=10$
$2+8=10$, $5+5=10$,
$1+9=10$, $3+7=10$,
$4+6=10$

8 (남아 있는 바둑돌의 수)$=2+4=6$(개),
예슬이가 가져간 바둑돌의 수를 $\square$개라고 하면
$10-\square=6$, $\square=4$입니다.

9 $1+\square=8$ ➡ $\square=7$, $2+\square=9$ ➡ $\square=7$
따라서 어떤 수를 넣으면 7씩 커지는 규칙이므로
3을 넣으면 $3+7=10$이 나옵니다.

10 ㉠ $4+\square=10$ ➡ $\square=6$
㉡ $10-3=\square$ ➡ $\square=7$
㉢ $\square+8=10$ ➡ $\square=2$
㉣ $10-\square=9$ ➡ $\square=1$
$1<2<6<7$이므로 $\square$ 안에 들어갈 수가 가장 작은
것부터 차례대로 기호를 쓰면 ㉣, ㉢, ㉠, ㉡입니다.

11 • $8+2+4=10+4=14$ • $9+9=18$
• $1+9+5=10+5=15$ • $6+9=15$
• $8+6+4=8+10=18$ • $8+6=14$

12 14는 10과 4를 모은 수이므로 $\square+\square$의 값은 10입
니다. 따라서 두 수의 합이 10인 수 카드를 고르면
7과 3 또는 3과 7입니다.

13 ▲$=4$, ■$=3$이므로 $4+3+$●$=7+$●$=10$에서
●$=3$입니다.

14 $3+6+4=13$

15 ㉠$=10-5=5$, ㉡$=10-6=4$
➡ ㉠$+$㉡$=5+4=9$

16 $3+7=10$, $2+$㉠$=10$에서 ㉠$=10-2=8$,
$6+$㉡$=10$에서 ㉡$=10-6=4$입니다.
따라서 ㉠$-$㉡$=8-4=4$입니다.

17 은지가 푼 문제집 쪽수 : $7+6+3=10+6=16$(쪽)

18 ○$=2$, △$=3$, $\square=4$이므로
$2+3+4+$◇$=9+$◇$=10$에서 ◇$=1$입니다.

19 더해서 10이 되는 두 수를 묶어
보면 $8+2=10$, $9+1=10$,
$3+7=10$, $4+6=10$이고
남는 수는 5입니다.

8	2	9
4	5	1
6	3	7

20 $10-7=$▲에서 ▲$=3$이므로
$3+4+6=3+10=$●에서 ●$=13$입니다.

21 • $6+$◆$=10$에서 ◆$=10-6=4$
• $10-$★$=1$에서 ★$=10-1=9$
➡ ★$-$◆$=9-4=5$

22 $7+\square+3=10+\square$, $4+7+6=10+7=17$이
므로 $10+\square<17$이려면 $\square$는 7보다 작은 수이어
야 합니다.
따라서 $\square$ 안에 들어갈 수 있는 수는 1, 2, 3, 4, 5,
6으로 모두 6개입니다.

24 ㉠ $10-4=6$, $\square=6$
㉡ $10-2=8$, $\square=2$
㉢ $3+7=10$, $\square=7$
➡ ㉢$>$㉠$>$㉡

서술 유형 익히기
59~60쪽

유형 1
10, 10, 7, 7, 7

예제 1
풀이 참조, 6

유형 2
8, 4, 3, 3

예제 2
풀이 참조, 5

---

1 과학책의 수를 □권이라고 하여 식을 세우면
□+4=10입니다. — ①
□+4=10에서 □=6이므로 과학책은 6권입니다.
— ②

평가기준	배점
① 과학책의 수를 □권이라고 하여 식을 바르게 만든 경우	2점
② □의 값을 구하여 과학책의 수를 구한 경우	2점
③ 답을 구한 경우	1점

2 2+1+□>7 ➡ 3+□>7이므로 □ 안에 들어갈
수 있는 수는 4보다 큰 수입니다. — ①
따라서 □ 안에 들어갈 수 있는 수 중에서 가장 작은
수는 5입니다. — ②

평가기준	배점
① □ 안에 들어갈 수 있는 수는 4보다 큰 수라는 사실을 설명한 경우	2점
② □ 안에 들어갈 수 있는 수 중에서 가장 작은 수를 구한 경우	2점
③ 답을 구한 경우	1점

놀이 수학
61쪽

1 3+2+2=7, 2+3+1=6,
3+3+2=8, 2+2+2=6

2 영수

2 동민이의 최고 점수는 7점이고, 영수의 최고 점수는
8점이므로 화살 던지기 놀이에서 이긴 사람은 영수
입니다.

단원 평가

1 2, 3, 9
2 2, 4, 3
3 7, 2 ; 4, 5
4 16
5 10
6 ㉠
7 8−3−1=4, 4
8 5, 5
9 4, 6
10 ③
11 ㉡
12 6, 6
13 7, 2
14 2
15 4
16 ㉡, ㉢, ㉠
17

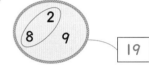

18 4 6 8 ➡ 18

19 7
20 3, 6, 7
21 13
22 풀이 참조
23 풀이 참조, ㉢
24 풀이 참조, 5
25 풀이 참조, 4

---

3 두 수의 합이 10이 되는 더하기는 1+9, 2+8,
3+7, 4+6, 5+5, 6+4, 7+3, 8+2, 9+1
이 있습니다.

4 한솔 : 7+3+6=16

5 8+2=10(마리)

6 ㉠ 3+2+2=5+2=7
㉡ 9−2−1=7−1=6
➡ ㉠>㉡

10 ① 10 ② 10 ③ 9 ④ 10 ⑤ 10

11 ㉠ 4, ㉡ 9, ㉢ 8, ㉣ 6이므로 계산 결과가 가장 큰
것은 ㉡입니다.

12 10에서 왼쪽으로 6칸을 옮기면 4입니다.

13 ・□+3=10 ➡ □=7
・10−8=2

14 (지혜의 나이)＋(예슬이의 나이)＝**10**(살)이므로
8＋□＝**10**입니다. **8**과 더해서 **10**이 되는 수는
2이므로 예슬이는 **2**살입니다.

15 깨진 접시의 수를 □개라고 하면
10－□＝**6** ➡ □＝**4**입니다.
따라서 깨진 접시는 **4**개입니다.

16 ㉠ □＋**7**＝**10** ➡ □＝**3**
㉡ **10**－□＝**1** ➡ □＝**9**
㉢ **10**－□＝**5** ➡ □＝**5**
따라서 □ 안에 들어갈 수가 가장 큰 것부터 차례대
로 기호를 쓰면 ㉡, ㉢, ㉠입니다.

17 **8**＋**2**＋**9**＝**10**＋**9**＝**19**

18 **4**＋**6**＋**8**＝**10**＋**8**＝**18**

19 **5**＋**5**＝**10**이므로 세 수의 합이 **17**이 되려면 빈 곳
에 들어갈 수를 □라고 하여 식을 세웁니다.
10＋□＝**17**에서 □＝**7**이어야 합니다.

20 3＋6＋7＝16
   ⌊10⌋
      ⌊16⌋

21 **8**＋**3**＋**2**＝**10**＋**3**＝**13**(개)

서술형

22 9－4－1＝4 －①
   ⌊5⌋
      ⌊4⌋

세 수의 뺄셈은 앞에서부터 두 수씩 차례로 계산해야
하는 데 뒤에서부터 계산했습니다. －②

평가기준	배점
① 잘못된 곳을 찾아 바르게 고친 경우	3점
② 잘못된 이유를 바르게 설명한 경우	2점

23 ㉠ **3**＋**2**＋**1**＝**5**＋**1**＝**6**
㉡ **4**＋**2**＋**2**＝**6**＋**2**＝**8**
㉢ **7**－**3**－**1**＝**4**－**1**＝**3**

㉣ 9－**3**－**4**＝**6**－**4**＝**2** －①
따라서 계산 결과가 홀수인 것은 ㉢입니다. －②

평가기준	배점
① 세 수의 덧셈과 세 수의 뺄셈을 바르게 한 경우	2점
② 계산 결과가 홀수인 것을 찾은 경우	2점
③ 답을 구한 경우	1점

24 (누나의 나이)＝**8**＋**2**＝**10**(살)－①
(동생의 나이)＝**10**－**5**＝**5**(살)－②

평가기준	배점
① 누나의 나이를 바르게 구한 경우	2점
② 동생의 나이를 바르게 구한 경우	2점
③ 답을 구한 경우	1점

25 한솔이가 먹은 사탕은 한별이가 먹은 사탕보다 **2**개
더 많으므로 **4**＋**2**＝**6**(개)입니다. －①
따라서 한솔이가 먹고 남은 사탕은 **10**－**6**＝**4**(개)입
니다. －②

평가기준	배점
① 한솔이가 먹은 사탕의 수를 바르게 구한 경우	2점
② 한솔이가 먹고 남은 사탕의 수를 바르게 구한 경우	2점
③ 답을 구한 경우	1점

🔎 탐구 수학   66쪽

1 풀이 참조
2 8, 5, 2, 15 ; 4, 5, 6, 15 ; 7, 5, 3, 15
3 풀이 참조

1

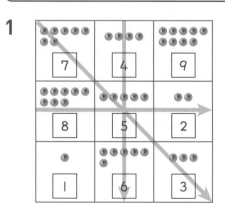

3 예 양 끝의 수로 10을 만들어 세 수의 덧셈을 하였습니다.

$8+5+2=15$ $4+5+6=15$ $7+5+3=15$
　　10　　　　　　10　　　　　　10
　　15　　　　　　15　　　　　　15

🏠 **생활 속의 수학**	67~68쪽
· 10, 15	

3 단원 모양과 시각

1 단계 개념 탄탄 70쪽

1 풀이 참조	**2** 풀이 참조
3 풀이 참조	

1

2

3

2 단계 핵심 쏙쏙 71쪽

1 ■	**2** (1)~(3) 풀이 참조
3 ·⟋⟍·	
4 (1) ㉠, ㉅, ◎	(2) ㉡, ㉢
(3) ㉢, ㉣, ㉂	
5 풀이 참조	

1 동화책, 공책, 수첩은 ■ 모양입니다.

2 (1)

(2)

(3)

- ■ 모양 : 액자, 휴대전화, 태극기
- ▲ 모양 : 표지판, 삼각자
- ● 모양 : 동전, 시계

4 (1) ■ 모양 : ㉠ 동화책, ㉅ 서류가방, ◎ 상자
(2) ▲ 모양 : ㉡ 삼각자, ㉢ 표지판
(3) ● 모양 : ㉢ 동전, ㉣ 접시, ㉂ 표지판

5

■ 모양	㉠, ㉢, ◎
▲ 모양	㉡, ㉢, ㉅
● 모양	㉣, ㉂, ㉈

1 단계 개념 탄탄 72쪽

1 ·╳· 　　　**2 4, 3**

2 단계 핵심 쏙쏙 73쪽

1 (○)(　)(　)
2 (　)(　)(○)
3 (　)(○)(　)
4 ①, ③
5 (　)(○)(　)
6 (　)(　)(○)

1 국어사전을 종이 위에 대고 본을 뜨면 ■ 모양이 나옵니다.

2 동전을 종이 위에 대고 본을 뜨면 ● 모양이 나옵니다.

3 삼각자를 종이 위에 대고 본을 뜨면 ▲ 모양이 나옵니다.

4 ① ● 모양 ② ■ 모양 ③ ● 모양
④ ▲ 모양 ⑤ ■ 모양

1단계 개념 탄탄

74쪽

1 (1) ■, ●   (2) ■

    (3) ▲

2 1, 2, 5

2단계 핵심 쏙쏙

75쪽

1 (   )(○)(   )

2 (   )(   )(○)

3 3, 3, 4   **4** 4, 8, 9

5 예

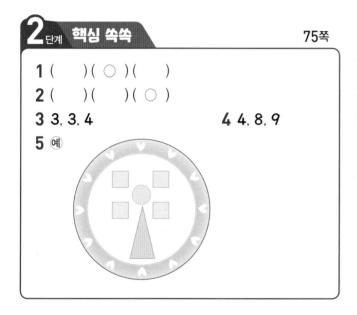

3단계 유형 콕콕

76~79쪽

1-1 ②   **1-2** ㉡

1-3 ㉡, ㉤, ㉥, ㉧ ; ㉠, ㉣, ㉢ ; ㉣, ㉨

1-4 (1) **3**   (2) **1**

    (3) **2**

1-5 (   )   **1-6** 4, 2, 3

   (○)   **2-1**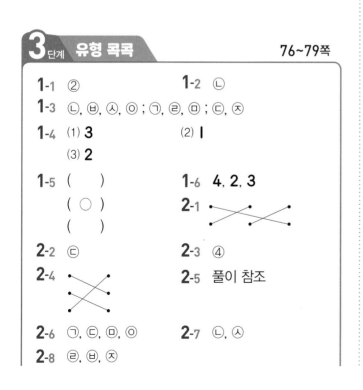

   (   )

2-2 ㉢   **2-3** ④

2-4   **2-5** 풀이 참조

2-6 ㉠, ㉢, ㉤, ㉧   **2-7** ㉡, ㉨

2-8 ㉣, ㉥, ㉢

2-9 예 ■ 모양은 뾰족한 부분이 있고, ● 모양은 뾰족한 부분이 없습니다.

3-1 8, 4, 7   **3-2** ● 모양

3-3 (1) (○) (×)   (2) (○) (×)

3-4 풀이 참조

1-1 ①, ④, ⑤는 ■ 모양, ③은 ● 모양입니다.

1-2 ㉠, ㉢은 ● 모양, ㉡은 ■ 모양입니다.

1-4 (1) 서류봉투, 스케치북, 리모컨은 ■ 모양입니다.

    (2) 교통표지판은 ▲ 모양입니다.

    (3) 동전, 탬버린은 ● 모양입니다.

2-3 ①, ②, ③, ⑤는 ■ 모양, ④는 ▲ 모양입니다.

2-5 예

점들을 이용하여 서로 다른 여러 개의 ■ 모양을 만들 수 있습니다.

2-6 반듯한 선이 **4**개인 모양은 ■ 모양입니다.

2-7 뾰족한 부분이 **3**개인 모양은 ▲ 모양입니다.

2-8 반듯한 선과 뾰족한 부분이 없는 모양은 ● 모양입니다.

3-2 ■ 모양 : **4**개, ▲ 모양 : **1**개, ● 모양 : **7**개

3-4

1단계 개념 탄탄   80쪽

1 (1) **7**   (2) **12**
    (3) **7**

1 (3) 짧은바늘이 **7**, 긴바늘이 **12**를 가리키므로 **7**시입니다.

(보충) 몇 시는 긴바늘이 항상 **12**를 가리킵니다.

2단계 핵심 쏙쏙   81쪽

1 **1, 12, 1**   **2** **10**
3 **12**   **4**
5 풀이 참조, **11**
6 풀이 참조

2 짧은바늘이 **10**, 긴바늘이 **12**를 가리키므로 **10**시입니다.

3 짧은바늘과 긴바늘이 모두 **12**를 가리키므로 **12**시입니다.

5 짧은바늘이 **11**, 긴바늘이 **12**를 가리키므로 **11**시입니다.

6 짧은바늘이 **5**, 긴바늘이 **12**를 가리키도록 그립니다.

1단계 개념 탄탄   82쪽

1 (1) **3, 4**   (2) **6**
    (3) **3, 30**

1 (3) 짧은바늘이 **3**과 **4** 사이, 긴바늘이 **6**을 가리키므로 **3**시 **30**분입니다.

(주의) **4**시 **30**분으로 읽지 않도록 합니다.

2단계 핵심 쏙쏙   83쪽

1 (1) (×) (2) (○)   **2** **6, 30**
3 **9, 30**
4 (1) **11, 6**   (2) 풀이 참조
5 풀이 참조   **6** 풀이 참조

2 짧은바늘이 **6**과 **7** 사이, 긴바늘이 **6**을 가리키므로 **6**시 **30**분입니다.

3 짧은바늘이 **9**와 **10** 사이, 긴바늘이 **6**을 가리키므로 **9**시 **30**분입니다.

4 (2)

5 **1**시 **30**분이므로 짧은바늘이 **1**과 **2** 사이, 긴바늘이 **6**을 가리키도록 그립니다.

6 **5**시 **30**분이므로 짧은바늘이 **5**와 **6** 사이, 긴바늘이 **6**을 가리키도록 그립니다.

3단계 유형 콕콕   84~86쪽

4-1 (1) **9**   (2) **11**
4-2 **5**   **4**-3 ㉡
4-4 풀이 참조   **4**-5 풀이 참조
4-6 풀이 참조   **4**-7 풀이 참조

4-2 짧은바늘이 **5**, 긴바늘이 **12**를 가리키므로 **5**시입니다.

4-3 ㉠, ㉢ ➡ **2**시, ㉡ ➡ **12**시

참고 ㉠에서 : 앞의 숫자는 '시', 뒤의 숫자는 '분'을 나타냅니다.

4-4 짧은바늘이 **12**을 가리키도록 그립니다.

4-5 짧은바늘이 **10**을 가리키도록 그립니다.

4-6 디지털시계가 나타내는 시각이 **2**시이므로 짧은바늘이 **2**, 긴바늘이 **12**를 가리키도록 그립니다.

4-7 짧은바늘이 **6**, 긴바늘이 **12**를 가리키도록 그립니다.

5-1 시계의 긴바늘이 **6**을 가리키면 '몇 시 **30**분'입니다.

5-4 **11**시 **30**분은 짧은바늘이 **11**과 **12** 사이, 긴바늘이 **6**을 가리킵니다.

5-5 몇 시 **30**분이므로 긴바늘은 **6**을 가리킵니다.

5-6 몇 시 **30**분은 짧은 바늘이 숫자와 숫자 사이의 한 가운데, 긴 바늘이 숫자 **6**을 가리킵니다.

5-7 디지털시계가 나타내는 시각이 **12**시 **30**분이므로 짧은바늘이 **12**와 **1** 사이, 긴바늘이 **6**을 가리키도록 그립니다.

5-8

5-9 **3**시 **30**분, **4**시 **30**분, **5**시 **30**분, **6**시 **30**분, **7**시 **30**분, **8**시 **30**분
➡ **6**번

5-10 긴바늘이 **6**을 가리키면 몇 시 **30**분입니다.
몇 시 **30**분 중에서 **5**시보다 늦고 **6**시보다 빠른 시각은 **5**시 **30**분입니다.

5-12 ㉠ **4**시 **30**분 ㉡ **2**시 **30**분
㉢ **4**시 ㉣ **5**시 **30**분
5시 **30**분은 **2**시부터 **5**시 사이의 시각이 아닙니다.

5-13 두 번째 시계에서 짧은바늘은 숫자와 숫자 사이를 가리켜야 합니다.

4단계 실력 팍팍

87~90쪽

1 3, 2, 5　　　　**2** 3

3 (○)(○)(　　)

4 풀이 참조　　　**5** 한별

6 (○)(　　)(　　)

7 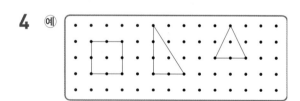　　**8** 4, 3, 2

　　　　　　　　　　9 7

　　　　　　　　　　10 4

11 풀이 참조　　**12** ⑤

13 12　　　　　　**14** 풀이 참조

15 (위에서부터) 예, 아니요, 아니요, 예

16 영수, 동민, 효근

17 ⑴ 11, 30　　　⑵ 1

　　⑶ 풀이 참조

18 풀이 참조　　**19** 3, 30

20 7, 30　　　　**21** 3

---

1 ・▨ 모양 : 동화책, 모니터, 달력 ➡ **3**개

　　・▲ 모양 : 샌드위치, 삼각자 ➡ **2**개

　　・● 모양 : 단추, 시계, 동전, 도넛, 접시 ➡ **5**개

2 가장 많은 모양은 ● 모양이고, 가장 적은 모양은 ▲ 모양입니다. ➡ **5**－**2**＝**3**(개)

4 예

```
  ┌─────────────────────────┐
  │  ·  ·  ·  ·  ·  ·  ·  ·  │
  │  ·  ┌──┐ ·  /│·  ·  /\  │
  │  ·  │  │ · / │·  · /  \ │
  │  ·  └──┘ ·/  │·  /────\ │
  │  ·  ·  ·  ·  ·  ·  ·  ·  │
  └─────────────────────────┘
```

5 가영 : 나비는 ▨, ▲, ● 모양이 모두 있습니다.

8 모양의 흔적을 따라 선을 그어 보면 ▨ 모양은 **4**개, ▲ 모양은 **3**개, ● 모양은 **2**개입니다.

9 색종이를 점선을 따라 자르면 ▨ 모양이 **7**개, ▲ 모양이 **8**개 생깁니다.

10 ➡ **4**개

---

11 예

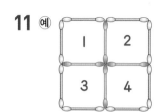

```
┌──┬──┐
│ 1│ 2│
├──┼──┤
│ 3│ 4│
└──┴──┘
```

12

① ② ③

④ ⑤

13 긴바늘이 **12**를 가리키므로 '몇 시'이고 짧은바늘이 **12**를 가리키므로 **12**시입니다.

14 예 **3**시 **30**분에 친구들과 축구를 하고 싶습니다.

15 ・공룡 구경은 **10**시 **30**분에 해야 하는데 **11**시 **30**분에 했으므로 계획표대로 하지 않았습니다.

　　・점심 식사는 **1**시에 해야 하는데 **2**시에 했으므로 계획표대로 하지 않았습니다.

16 동민이는 **3**시, 효근이는 **5**시, 영수는 **2**시에 과제를 마쳤습니다. 따라서 가장 빠른 시각부터 차례대로 쓰면 **2**시, **3**시, **5**시이므로 영수, 동민, 효근 순서로 과제를 마쳤습니다.

17 ⑶ 시계의 짧은바늘은 **2**와 **3** 사이, 긴바늘은 **6**을 가리키도록 그립니다.

18 **3**시 **30**분부터 **30**분 지난 시각은 **4**시이므로 짧은바늘이 **4**, 긴바늘이 **12**를 가리키도록 그립니다.

19 시계의 짧은바늘이 **3**과 **4** 사이, 긴바늘이 **6**을 가리키므로 **3**시 **30**분입니다.

20 ・**7**시보다 늦고 **8**시보다 빠른 시각이므로 짧은바늘은 **7**과 **8** 사이를 가리킵니다.

- 긴바늘이 **6**을 가리키므로 상연이가 일어난 시각은 **7**시 **30**분입니다.

21 긴바늘이 **12**를 가리키는 시각은 '몇 시'입니다. 따라서 **4**시보다 늦고 **8**시보다 빠른 시각 중 '몇 시'는 **5**시, **6**시, **7**시로 모두 **3**번입니다.

서술 유형 익히기
91~92쪽

유형 1

5, 3, 6, ◯ ; ◯

예제 1

풀이 참조, △

유형 2

◯, **1, 2, 1**

예제 2

풀이 참조

---

1 ▨ 모양은 **4**개, △ 모양은 **7**개, ◯ 모양은 **2**개 사용하였습니다. ― ①
따라서 가장 많이 사용한 모양은 △ 모양입니다. ― ②

평가기준	배점
① 각 모양의 개수를 구한 경우	3점
② 가장 많이 사용한 모양을 구한 경우	2점
③ 답을 구한 경우	1점

2 **5**시 **30**분은 시계의 짧은바늘이 **5**를 가리키는 것이 아니라 **5**와 **6** 사이를 가리켜야 합니다. ― ② ― ①

평가기준	배점
① 잘못된 곳을 고쳐서 오른쪽 시계에 나타낸 경우	2점
② 이유를 바르게 설명한 경우	3점

놀이 수학
93쪽

1 **4, 2**　　　　**2** 가영

단원 평가
94~96쪽

1 ④　　　　　　**2** ◯

3 ✕(교차 연결)

4 ㉡

5 풀이 참조

6 **10, 4, 9**

7 ▨

8 △

9 **5**

10 ㉠

11 ㉢

12 ④

13 **2, 30**

14 풀이 참조

15 ㉡, ㉢

16 ✕(교차 연결)

17 **9**

18 **5, 30**

19 ③, ⑤

20 **9, 30**

21 **4**

22 풀이 참조, **9**

23 풀이 참조, **3**

24 풀이 참조, 지혜

25 풀이 참조, **4, 30**

---

1 ①과 ⑤ ➡ △ 모양, ②와 ③ ➡ ◯ 모양, ④ ➡ ▨ 모양

2 시계, 단추, 접시는 ◯ 모양입니다.

3 달력은 ▨ 모양, 삼각자는 △ 모양, 동전은 ◯ 모양입니다.

5
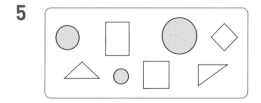

7 ■ 모양 **10**개, ▲ 모양 **4**개, ● 모양 **9**개이므로 **10**개인 ■ 모양을 가장 많이 사용하였습니다.

9 ▲ 모양 : **4**개, ● 모양 : **9**개
➡ **9**−**4**=**5**(개)

10 ㉠ ■ 모양 : **4**개   ㉡ ▲ 모양 : **2**개
㉢ ▲ 모양 : **3**개   ㉣ ▲ 모양 : **4**개

13 짧은바늘이 **2**와 **3** 사이, 긴바늘이 **6**을 가리키므로 **2**시 **30**분입니다.

14 **3**시는 짧은바늘이 **3**, 긴바늘이 **12**를 가리키도록 그립니다.

15 ㉠ **7**시 **30**분   ㉡ **8**시 **30**분
㉢ **8**시 **30**분   ㉣ **3**시 **30**분

17 짧은바늘이 **9**, 긴바늘이 **12**를 가리키므로 **9**시입니다.

18 짧은바늘이 **5**와 **6** 사이, 긴바늘이 **6**을 가리키므로 **5**시 **30**분입니다.

19 시계의 긴바늘이 **6**을 가리키면 몇 시 **30**분이므로 몇 시 **30**분인 시각을 찾습니다.

20 긴바늘이 **6**을 가리키므로 '몇 시 **30**분'이고 짧은바늘이 **9**와 **10** 사이를 가리키므로 **9**시 **30**분입니다.

21 시계의 긴바늘이 한 바퀴 돌면 짧은바늘은 숫자가 적힌 눈금 한 칸을 갑니다. 따라서 효근이가 수영을 마친 시각은 **4**시입니다.

서술형

22 ■ 모양 **1**칸짜리 : **4**개, 작은 ■ 모양 **2**칸짜리 : **4**개, 작은 ■ 모양 **4**칸짜리 : **1**개 −①
따라서 찾을 수 있는 크고 작은 ■ 모양은 모두 **9**개입니다. −②

평가기준	배점
① 작은 ■ 모양 **1**칸짜리, **2**칸짜리, **4**칸짜리의 개수를 각각 구한 경우	2점
② 크고 작은 ■ 모양은 모두 몇 개인지 구한 경우	2점
③ 답을 구한 경우	1점

23 ■ 모양 : **5**개, ▲ 모양 : **3**개, ● 모양 : **2**개 −①
따라서 가장 많이 사용한 모양은 가장 적게 사용한 모양보다 **5**−**2**=**3**(개) 더 많습니다. −②

평가기준	배점
① ■, ▲, ● 모양의 개수를 각각 구한 경우	2점
② 가장 많이 사용한 모양은 가장 적게 사용한 모양보다 몇 개 더 많은지 구한 경우	2점
③ 답을 구한 경우	1점

24 아침에 일어난 시각은 가영이는 **7**시 **30**분, 지혜는 **6**시 **30**분, 석기는 **7**시입니다. −①
따라서 지혜, 석기, 가영의 순서대로 일어났으므로 지혜가 가장 일찍 일어났습니다. −②

평가기준	배점
① 일어난 시각을 각각 읽은 경우	2점
② 가장 일찍 일어난 사람이 누구인지 바르게 설명한 경우	2점
③ 답을 구한 경우	1점

25 **4**시보다 늦고 **5**시보다 빠른 시각은 **4**시 몇 분입니다. −①
긴바늘이 **6**을 가리키는 시각은 '몇 시 **30**분'입니다. −②
따라서 설명하는 시각은 **4**시 **30**분입니다. −③

평가기준	배점
① **4**시보다 늦고 **5**시보다 빠른 시각을 설명한 경우	2점
② 시계의 긴바늘이 **6**을 가리키는 시각을 설명한 경우	2점
③ 주어진 설명이 나타내는 시각을 바르게 구한 경우	1점

탐구 수학   98쪽

1 예 집, 풀이 참조   **2** 예 2, 5, 2

1 예

지붕은 △ 모양으로, 벽과 굴뚝은 ■ 모양으로,
창문은 ● 모양으로 집을 꾸몄습니다.

생활 속의 수학   99~100쪽

• 예 ■ 모양 : 상자, △ 모양 : 삼각자,
　　 ● 모양 : 동전

1단계 개념 탄탄 · 102쪽

1 (1) **9, 10, 11, 11** (2) **6, 5, 11, 11**

2단계 핵심 쏙쏙 · 103쪽

1 11, 11
2 11, 12, 12
3 13
4 7, 8, 15
5 , 14
6 , 14

1 밤 **9**개와 밤 **2**개를 이어 세어 보면 모두 **11**개입니다.
➡ **9+2=11**

2 구슬 **7**개와 **5**개를 이어 세어 보면 모두 **12**개입니다.
➡ **7+5=12**

3 강아지 **7**마리와 **6**마리를 이어 세어 보면 모두 **13**마리입니다. ➡ **7+6=13**

4 사과 **7**개에서부터 귤의 수만큼 이어 세어 보면 **15**개입니다. ➡ **7+8=15**

1단계 개념 탄탄 · 104쪽

1 3, 11 ; 3, 10, 11

2단계 핵심 쏙쏙 · 105쪽

1 3, 12 ; 3, 10, 12
2 4, 14 ; 4, 10, 14
3 (1) 1, 15 (2) 4, 15
4 예
8, 4, 12, 12
5 17

5 $8+9=17$(개)
     ⟋ ⟍
    7   1

1단계 개념 탄탄 · 106쪽

1 12, 13, 14 ; 1, 1
2 13, 14, 15 ; 1, 1

2단계 핵심 쏙쏙 · 107쪽

1 11, 13, 15 ; 1, 2
2 16, 16, 16 ; 1, 1
3
4 13, 12, 11, 10
5 풀이 참조
6 풀이 참조

3 두 수를 서로 바꾸어 더해도 합은 같습니다.

4 $8+5=13$, $7+5=12$, $6+5=11$, $5+5=10$

5

5+5	5+6	5+7	5+8
10	11	12	13
6+5	6+6	6+7	6+8
11	12	13	14
7+5	7+6	7+7	7+8
12	13	14	15
8+5	8+6	8+7	8+8
13	14	15	16

6

	6+7	
7+6	7+7	7+8
8+6	8+7	8+8
9+6	9+7	

6+7=13, 7+6=13, 7+7=14, 7+8=15,
8+6=14, 8+7=15, 8+8=16, 9+6=15,
9+7=16

3 단계 유형 콕콕

108~111쪽

1-1 9, 10, 11, 12, 13 ; 13

1-2 (1) 11 (2) 11

1-3 7, 풀이 참조 **1-4** 풀이 참조, 13

1-5 풀이 참조, 13 **1-6** 15

2-1 (1) 1, 11 (2) 4, 15

2-2 (1) 1, 13 (2) 5, 12

2-3 방법1 5, 13 방법2 2, 13

2-4 (1) 13 ; 3, 3, 13 (2) 15 ; 5, 1, 15

2-5 (1) 14 (2) 16

2-6 11 **2-7** >

2-8 15

3-1 (1) 14, 15, 16, 17 ; 1
  (2) 13, 13, 13, 13, 13 ; 1, 1

3-2 17, 15, 13, 12 **3-3** 12, 13, 14, 15

3-4 16, 18 **3-5**

3-6 풀이 참조

3-7

	6+7	
7+6	7+7	7+8
	8+7	

1-3 예

1-4 예

1-5 예

2-2 (1) 9에 1을 더하면 10이 되므로 4를 3과 1로 가릅니다.
  (2) 5에 5를 더하면 10이 되므로 7을 5와 2로 가릅니다.

2-3 방법1 은 앞의 수를 가르기 하고 방법2 는 뒤의 수를 가르기 한 경우입니다.

2-6 5+6=11

2-7 6+6=12, 4+7=11

2-8 6+9=15(명)

3-2 더해지는 수와 더하는 수가 1씩 작아지므로 합도 2씩 작아집니다.

3-4 8+8=16, 9+9=18

3-5 8+9=17, 4+7=11, 6+9=15,
  7+4=11, 9+6=15, 9+8=17

3-6

5+6 11	5+7 12	5+8 13	5+9 14
6+6 12	6+7 13	6+8 14	6+9 15
7+6 13	7+7 14	7+8 15	7+9 16
8+6 14	8+7 15	8+8 16	8+9 17

3-7 6+7=13, 7+6=13, 7+7=14,
  7+8=15, 8+7=15

1단계 개념 탄탄   112쪽

1 (1) **7**   (2) **8**
   (3) **7**

2단계 핵심 쏙쏙   113쪽

1 8, 9, 10, 8   **2** 9
3 13−6=7   **4** 4
5 16−9=7   **6** 12−7=5

1 11부터 작은 쪽으로 1씩 3번 거꾸로 세면 8입니다.

2 14개의 구슬에서 아래의 4개의 구슬을 먼저 빼고 위의 구슬 1개를 빼면 모두 5개의 구슬이 빠지므로 남는 구슬은 9개입니다.

4 사과와 배를 하나씩 짝지어 보니 사과가 배보다 4개 더 많습니다.

1단계 개념 탄탄   114쪽

1 3, 6 ; 3, 6   **2** 2, 7 ; 2, 7

2단계 핵심 쏙쏙   115쪽

1 6, 7 ; 6, 7   **2** 4, 7 ; 4, 7
3 (1) 2, 4   (2) 5, 9
4 풀이 참조, 9   **5** 풀이 참조, 13, 5, 8, 8
6 7

4 (예)
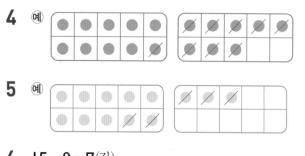

5 (예)

6 15−8=7(장)
       5 3

1단계 개념 탄탄   116쪽

1 3, 7 ; 3, 3, 7   **2** 5, 8 ; 5, 5, 8

2단계 핵심 쏙쏙   117쪽

1 6, 8 ; 6, 6, 8   **2** 5, 9 ; 5, 5, 9
3 (1) 2, 5   (2) 4, 6
4 (1) 7, 8   (2) 2, 4
5 9

4 (1) 17은 10과 7로 가를 수 있으므로 17에서 9를 빼면 8입니다.
   (2) 12는 10과 2로 가를 수 있으므로 12에서 8을 빼면 4입니다.

5 18−9=9(개)

1단계 개념 탄탄   118쪽

1 9, 8, 7 ; 11, 1   **2** 5, 6, 7 ; 7, 1

2단계 핵심 쏙쏙   119쪽

1 8, 8, 8 ; 1   **2** 4, 6, 8 ; 1, 1, 2
3   **4** 9, 8, 7, 6
                5 8, 7, 9, 8, 9

6
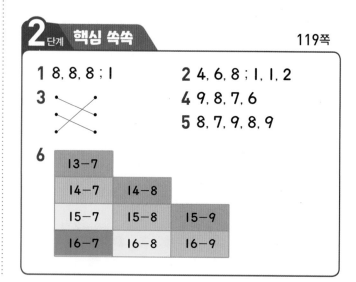

3
- $11-3=8$
- $18-9=9$
- $15-8=7$
- $12-4=8$
- $17-8=9$
- $16-9=7$

5 $12-4=8$, $12-5=7$, $13-4=9$, $13-5=8$, $14-5=9$

5-2 (1) 11에서 1을 빼면 10이 되므로 5를 1과 4로 가릅니다.
(2) 16에서 6을 빼면 10이 되므로 8을 6과 2로 가릅니다.

5-4
- $17-8=9$
  $7\ 1$
- $16-9=7$
  $6\ 3$

5-5 (남아 있는 참새의 수)
$=$(처음에 있던 참새의 수)$-$(날아간 참새의 수)
$=12-9=12-2-7=10-7=3$(마리)

6-2 (1) 13을 10과 3으로 가르기 하여 10에서 5를 먼저 뺀 다음 3을 더합니다.

6-4 $16-9=7$
$10\ 6$

6-5 $12-8=10-8+2=2+2=4$(개)

7-3 $11-4=7$, $12-4=8$, $12-5=7$, $13-4=9$, $13-5=8$, $13-6=7$, $14-5=9$, $14-6=8$

7-4 $14-9=5$, $13-7=6$, $11-5=6$, $12-6=6$, $14-7=7$

3단계 **유형 콕콕**   120~122쪽

4-1 9, 10, 11 ; 9
4-2 (1) 6　　(2) 7　　(3) 8
5-1 5, 10, 5, 5
5-2 (1) 1, 6　　(2) 6, 8
5-3 (1) 6　　(2) 9
5-4 (○)(　)　　**5-5** 3
6-1 5, 3, 5, 8
6-2 (1) 3, 8　　(2) 2, 5
6-3 (1) 9　　(2) 6
6-4 7　　**6-5** 4
7-1 5, 6, 6, 7　　**7-2** 6, 5, 8, 6, 9, 8
7-3

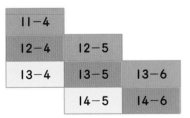

7-4 (　)(○)(○)
　　　(○)(　)
7-5

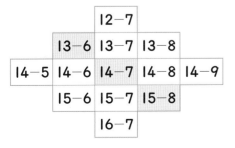

4단계 **실력 팍팍**   123~126쪽

1 가영
2 14, 크 ; 16, 림 ; 13, 빵
3 19　　**4**
5 7, 8 ; 9, 6
6

8	$+$	5	$=$	13		9
6		7	$+$	5	$=$	12
9	$+$	4	$=$	13		15
6		8	$+$	9	$=$	17

4. 덧셈과 뺄셈(2) ◆ **29**

7 3

8 유승

9 예슬

10 9, 6, 7, 9, 8

11 예 9, 7, 16

12 15

13 ②, ⑤, ⓒ, ⓒ

14

$15 - 7 = 8$		2		
$12 - 6 = 6$		1		
19	$13 - 9 = 4$			
$16 - 9 = 7$		3		

15 12

16 (1) 예 8, +, 6, =, 14 ; 6, +, 8, =, 14
　　(2) 예 16, −, 9, =, 7 ; 16, −, 7, =, 9

17 4

18 7

19 7

20 6

21 12, 3, 9

22 (1) 6　　　　　(2) 7

23 6, 12, 13, 9, 7　　**24** 7

1 두 수를 바꾸어 더해도 결과는 같으므로 다람쥐와 너구리가 먹은 도토리의 수는 같습니다.

2 $9+5=14$, $8+8=16$, $6+7=13$

3 ⑤ 7과 4를 모으면 11입니다.
　ⓒ 18은 10과 8로 가르기 할 수 있습니다.
　➡ ⑤+ⓒ$=11+8=19$

4 $7+8=15$, $6+5=11$, $8+9=17$, $9+4=13$
　➡ $17>15>13>11$

5 ★이 있는 칸에 들어갈 덧셈식은 $8+7=15$입니다.

7 $8+8=16$, $16<1\square$
　□ 안에 6보다 큰 숫자가 들어가야 하므로 □ 안에 들어갈 수 있는 숫자는 7, 8, 9로 모두 3개입니다.

8 ・유승 : $4+9=13$(개)
　・은지 : $7+5=12$(개)
　따라서 유승이가 은지보다 사탕과 초콜릿을 더 많이 가지고 있습니다.

9 ・상연 : $5+9=14$(문제)
　・예슬 : $7+8=15$(문제)
　$14<15$이므로 문제를 더 많이 푼 사람은 예슬이입니다.

11 합이 가장 큰 덧셈식은 $9+8=17$이고, 합이 두 번째로 큰 덧셈식은 $9+7=16$입니다.

12 4와 6, 9와 1을 모으면 10이 되므로 짝지어지지 않는 수 카드에 적힌 수는 8과 7입니다.
　➡ $8+7=15$

13 ⑤ $16-9=10-9+6=1+6=7$
　ⓒ $15-7=10-7+5=3+5=8$
　ⓒ $12-3=10-3+2=7+2=9$
　② $11-5=10-5+1=5+1=6$

15 석기가 가지고 있는 사탕은 $9-6=3$(개)이므로 영수와 석기가 가지고 있는 사탕은 모두 $9+3=12$(개)입니다.

17 ・$5+\blacksquare=13$ ➡ $\blacksquare=13-5=8$
　・$8=12-\bigstar$ ➡ $\bigstar=12-8=4$

18 동민이는 $5+9=14$이므로 한별이의 $8+\square$는 14보다 커야 합니다. $8+7$과 $8+9$가 14보다 크지만 동민이가 이미 9를 꺼냈으므로 한별이는 $8+7=15$가 되어야 이깁니다.

19 $12-5=7$(개)

20 두 사람이 가진 사탕 개수의 합은 $15+3=18$(개)이고 18을 같은 두 수로 가르기 하면 $9+9=18$(개)입니다.
　따라서 두 사람이 가진 사탕의 개수가 같아지려면 은지는 현준이에게 사탕을 $9-3=6$(개) 주어야 합니다.

21 ・가장 큰 차 : $14-3=11$
　・두 번째 큰 차 : $12-3=9$

22 (1) $8+7=15$ ➡ $\square+9=15$, $\square=6$
　(2) $16-9=7$ ➡ $14-\square=7$, $\square=7$

24 $14-\square=5$이고 $14-5=9$이므로 상자 안의 $\square=9$입니다.
　따라서 상자에 16을 넣으면 $16-9=7$이 나옵니다.

서술 유형 익히기 127~128쪽

유형 1
7, 8, 7, 8, 가영, 가영

예제 1
풀이 참조, 영수

유형 2
9, 9, 16, 16

예제 2
풀이 참조, 17

1 영수에게 남은 초콜릿은 $14-6=8$(개)이고, 동민이에게 남은 초콜릿은 $12-5=7$(개)입니다. — ①
따라서 $8>7$이므로 남은 초콜릿은 영수가 더 많습니다. — ②

평가기준	배점
① 영수와 동민이에게 남은 초콜릿의 수를 각각 바르게 구한 경우	2점
② 남은 초콜릿의 수가 더 많은 사람을 바르게 찾은 경우	2점
③ 답을 구한 경우	1점

2 파란 구슬은 노란 구슬보다 4개 더 적게 들어 있으므로 $12-4=8$(개)입니다. — ①
따라서 상자 안에 들어 있는 빨간 구슬과 파란 구슬은 모두 $9+8=17$(개)입니다. — ②

평가기준	배점
① 파란 구슬은 몇 개인지 바르게 구한 경우	2점
② 빨간 구슬과 파란 구슬은 모두 몇 개인지 바르게 구한 경우	2점
③ 답을 구한 경우	1점

놀이 수학 129쪽

1 12 **2** 풀이 참조
3 상연

1 $3+9=12$

2

3	9	16	17
8	6	4	⑪
15	10	5	⑫
7	14	⑬	⑱

(한별)

3	9	6	8
⑫	⑱	⑬	⑪
7	4	5	17
14	10	15	16

(상연)

$3+9=12$, $5+8=13$, $9+9=18$, $4+7=11$

단원 평가 130~133쪽

1 11, 12, 13 ; 13   **2** 13
3 13   **4** 14, 2, 4, 14
5 13, 15   **6** <
7 14, 16, 15, 15   **8** 14
9 13   **10** 12
11 3, 6   **12** 5, 7
13 ㉠   **14** ③
15 7, 8, 9   **16** 5, 14
17 9   **18** 12
19 6   **20** 5
21 8   **22** 풀이 참조
23 풀이 참조, 지혜   **24** 풀이 참조, 7
25 풀이 참조, 가영, 1

1 지우개 8개와 5개를 이어 세어 보면 모두 13개입니다.

5 $6+7=13$, $8+7=15$

6 $4+9=13$, $8+6=14$

7 · $8+6=8+2+4=10+4=14$
· $7+9=6+1+9=6+10=16$
· $8+7=8+2+5=10+5=15$
· $6+9=5+1+9=5+10=15$

8 · $4+4=8 \Rightarrow$ ● $=8$
· ● $+6=8+6=14 \Rightarrow$ ★ $=14$

9 $8+5=13$(살)

10 $8+4=12$(개)

13 ㉠ $15-7=8$ ㉡ $14-9=5$

14 ① $16-7=16-6-1=10-1=9$
  ② $11-3=11-1-2=10-2=8$
  ③ $12-5=12-2-3=10-3=7$
  ④ $15-6=15-5-1=10-1=9$
  ⑤ $17-8=17-7-1=10-1=9$

15 $16-9=7$, $17-9=8$, $18-9=9$

16 $12-7=5$, $5+9=14$

17 가장 큰 수 : **18**, 가장 작은 수 : **9**
  ➡ $18-9=18-8-1=10-1=9$

18 ㉠ $=14-7=14-4-3=10-3=7$
  ㉡ $=11-6=11-1-5=10-5=5$
  ➡ ㉠ $+$ ㉡ $=7+5=7+3+2=10+2=12$

19 (남학생 수) $-$ (여학생 수)
  $=11-5=10-5+1$
  $=5+1=6$(명)

20 $13-8=5$(개)

21 $17-9=8$(자루)

서술형

22 (예) 동민이는 **8**에 몇을 더해서 **10**을 만들기 위해 **7**을 **5**와 **2**로 가르기 하여 계산하였습니다. ―①
  석기는 **7**에 몇을 더해서 **10**을 만들기 위해 **8**을 **3**과 **5**로 가르기 하여 계산하였습니다. ―②

평가기준	배점
① 동민이의 덧셈 방법을 설명한 경우	2점
② 석기의 덧셈 방법을 설명한 경우	2점

23 • 예슬 : $9+8=9+1+7=10+7=17$ ―①
  • 지혜 : $11-4=11-1-3=10-3=7$ ―②
  따라서 계산을 바르게 한 사람은 지혜입니다. ―③

평가기준	배점
① $9+8$의 값을 바르게 구한 경우	1점
② $11-4$의 값을 바르게 구한 경우	1점
③ 계산을 바르게 한 사람은 누구인지 구한 경우	2점
④ 답을 구한 경우	1점

24 형의 나이는 $9+3=12$(살)입니다. ―①
  따라서 동생의 나이는 $12-5=7$(살)입니다. ―②

평가기준	배점
① 형의 나이를 바르게 구한 경우	2점
② 동생의 나이를 바르게 구한 경우	2점
③ 답을 구한 경우	1점

25 (한별이에게 남은 초콜릿 수) $=12-4=8$(개) ―①
  (가영이에게 남은 초콜릿 수) $=17-8=9$(개) ―①
  따라서 가영이의 초콜릿이 $9-8=1$(개) 더 많이 남았습니다. ―②

평가기준	배점
① 한별이와 가영이에게 남은 초콜릿 수를 각각 구한 경우	2점
② 누구의 초콜릿이 몇 개 더 많이 남았는지 구한 경우	2점
③ 답을 구한 경우	1점

⊕ 탐구 수학　　　　　134쪽

1 풀이 참조	**2** 13, 8, 17, 9, 11

1 (예) ➕는 ㉠과 ㉡의 수를 더해서 합을 ㉢에 쓰는 규칙입니다.
  ⚠는 ㉢의 수에서 ㉣의 수를 뺀 차를 ㉤에 쓰는 규칙입니다.

2 $7+6=13$, $13-5=8$, $8+9=17$, $17-8=9$, $9+2=11$

⌂ 생활 속의 수학　　　　135~136쪽

• (예) • **5**를 **2**와 **3**으로 가르기 하여 계산하였습니다.
  • **4**를 **3**과 **1**로 가르기 하여 계산하였습니다.
• (예) • **13**에서 **3**을 먼저 빼고 남은 **10**에서 **1**을 빼서 계산하였습니다.
  • **10**에서 **9**를 먼저 빼고 남은 **1**과 **2**를 더해서 계산하였습니다.

1단계 **개념 탄탄** 138쪽

1 (1) 예 ◯, ▢, △ 모양이 반복되는 규칙입니다.

(2) ◯

2 (1) 예 축구공, 농구공, 농구공이 반복되는 규칙입니다.

(2) 축구공

2단계 **핵심 쏙쏙** 139쪽

1 (1) ▢ (2) 파란색

2 ▮

3 (1) △, **2**, 파란색, **2** (2) ●

4 ▲, 예 ▲, ▼이 반복되는 규칙입니다.

5 포도 **6** **1**, **2**

2 ▮, ▮, ● 가 반복되는 규칙입니다.

5 참외, 포도, 포도, 사과가 반복되는 규칙이므로 ▢ 안에는 포도를 놓아야 합니다.

1단계 **개념 탄탄** 140쪽

1 (1) 빨간색, 노란색, 파란색

(2)

2단계 **핵심 쏙쏙** 141쪽

1 (1) 예 빨간색, 노란색, 노란색이 반복되는 규칙입니다.

(2)

2 풀이 참조 **3** 풀이 참조

4 풀이 참조 **5** 풀이 참조

6 풀이 참조

2

3

4

5 예

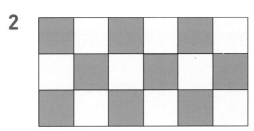

6 예

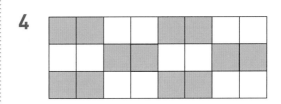

규칙 예 △, ● 모양이 반복되는 규칙으로 무늬를 만들었습니다.

3단계 **유형 콕콕** 142~143쪽

1-1 풀이 참조 **1**-2 ●, 풀이 참조

1-3 사과

1-4

1-5 ㄱ, ㄹ, ㅅ　　　　**1-6** ⑩ 시계, 접시

1-7 ⑩ 빨간 불 → 초록 불이 반복되는 규칙입니다.

2-1 (1) 빨간색, 노란색, 파란색, 초록색

　　　(2) 초록색

2-2 풀이 참조

2-3 ⑩ 빨간색 – 초록색 – 초록색이 반복되는 규칙입니다.

2-4 풀이 참조　　　**2-5** 풀이 참조

2-6 풀이 참조

1-1 ▶ □ ▶ ▶ □ ▶ ▶ □ ▶

▶, □, ▶가 반복되는 규칙입니다.

1-2 ⑩ ▲, ■, ●가 반복되는 규칙입니다.

1-3 사과, 포도가 반복되는 규칙이므로 □ 안에는 사과가 들어갑니다.

1-5 ★, ♥, ◆를 차례대로 넣어 보면 ♥가 들어갈 곳은 ㄱ, ㄹ, ㅅ입니다.

1-6 ▲, ●, ●가 반복되는 규칙이므로 □ 안에 들어갈 모양은 ● 모양입니다.

2-2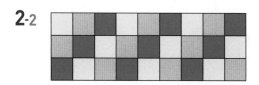

2-4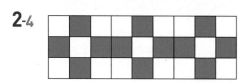

2-5 ⑩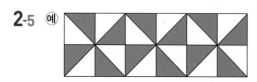

2-6 ⑩

□ ▲ ▲ ● ■ ▲ ▲ ●

규칙 ⑩ ■, ▲, ▲, ● 모양이 반복되는 규칙으로 무늬를 꾸몄습니다.

---

1 (1) 13, 17　　　　(2) 4, 4

　　(3) 71, 70

1 47, 53　　　　**2** 15, 30, 35, 40

3 7, 3, 7

4 ⑩ 12부터 5씩 커지는 규칙입니다.

5 36, 50

6 ⑩ 오른쪽으로는 2씩 커지고 아래쪽으로는 10씩 커집니다.

7 8

---

1 3씩 커지는 규칙입니다.

2 5씩 커지는 규칙입니다.

7 양 끝의 색칠한 칸에 있는 수들은 2부터 1씩 커지는 규칙이 있고 가운데 색칠하지 않은 칸에 있는 수들은 양 끝의 두 수의 합을 써넣은 규칙입니다.

---

1 (1) 1　　　　(2) 10

1 87

2 83 , 89 , ⑩ 6씩 커지는 규칙이 있습니다.

3 ⑩ 10씩 커지는 규칙이 있습니다.

4 22, 23, 24　　　　**5** 70, 77, 84

6 풀이 참조

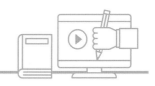

1 색칠한 수들은 **10**씩 커지는 규칙이 있습니다.

2 주황색으로 색칠한 수 **5**개는 **53**부터 **6**씩 커지는 규칙이 있습니다. 따라서 **77**보다 **6** 큰 수인 **83**, **83**보다 **6** 큰 수인 **89**에 색칠합니다.

3 **58**−**68**−**78**−**88**에서 **10**개씩 묶음의 수가 **1**씩 커지므로 **10**씩 커지는 규칙이 있습니다.

4 **1**씩 커지는 규칙입니다.

5 **7**씩 커지는 규칙입니다.

6
60		63		66		69
	72		75		78	
81		84		87		
90		93		96		99

3씩 커지는 규칙입니다.

1단계 개념 탄탄
148쪽

1 ▲, ●, ●

2 1, 1, 2, 2

2단계 핵심 쏙쏙
149쪽

1 ♡, ◆

2 □, △

3 2, 1, 2

4 ☆, ♡, ♡, 예 ☆, ♡, ♡가 반복되는 규칙입니다.

5
ㄱ	ㄴ	ㄴ	ㄱ	ㄴ	ㄴ	ㄱ	ㄴ

6 예
♡	☆	♡	♡	☆	♡	♡	☆	♡

예 ♡, ☆, ♡가 반복되는 규칙입니다.

1 참외는 ♡, 포도는 ◆로 나타내었습니다.

2 장미는 □, 해바라기는 △로 나타내었습니다.

3 복숭아는 **2**, 귤은 **1**로 나타내었습니다.

3단계 유형 콕콕
150~152쪽

3-1 (1) **6, 3**   (2) **2, 4, 6**

3-2 (1) **59, 67**   (2) **76, 82**

3-3 **26, 34**   **3-4** **95, 91, 87, 83**

3-5 **55**

3-6 예 왼쪽이나 오른쪽으로는 **1**씩 작아지거나 커집니다. 위쪽이나 아래쪽으로는 **3**씩 커지거나 작아집니다.

3-7 예 (30)−(35)−(40)−(45)−(50)

예 **30**부터 **5**씩 커지는 규칙입니다.

4-1 (1) 예 **1**씩 커지는 규칙입니다.
(2) **27, 28, 29**
(3) 예 **10**씩 커지는 규칙입니다.
(4) **57, 67, 77**

4-2 (1) 예 **4**씩 커지는 규칙입니다.
(2)
1	2	3	4	5	6	7	8	9	10
11	12	13	14	15	16	17	18	19	20
21	22	23	24	25	26	27	28	29	30
31	32	33	34	35	36	37	38	39	40

4-3 (1) 예 **12**씩 커지는 규칙입니다.
(2) 예 **9**씩 커지는 규칙입니다.
(3) **54, 63, 72**

4-4 풀이 참조   **4-5** **35, 41, 47**

4-6 풀이 참조

5-1
○	△	□	○	△	□	○	△	□

5-2 **3, 2, 3**   **5-3** [⚅], **1, 5**

3-1 (1) **6**과 **3**이 반복되는 규칙입니다.
(2) **2, 4, 6**이 반복되는 규칙입니다.

3-2 (1) **4**씩 뛰어 세기 한 것입니다.
(2) **6**씩 뛰어 세기 한 것입니다.

3-3 **4**씩 커지는 규칙이므로 **22** 다음에는 **26**, **30** 다음에는 **34**를 씁니다.

3-5 **67**−**64**−**61**−**58**−**55**

4-2 색칠한 수들은 **3**부터 **4**씩 커지는 규칙입니다.

4-4

51	52				56	57
	59		61		63	64
	66	67	68	69		
72			75			78

가로로 놓인 수들은 **1**씩 커지고, 세로로 놓인 수들은 **7**씩 커지는 규칙입니다.

4-5 초록색으로 색칠한 칸에 들어가는 수들은 **46, 52, 58**이므로 **6**씩 커지는 규칙입니다.

4-6

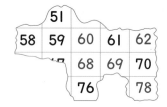

가로로 놓인 수들은 **1**씩 커지거나 작아지고, 세로로 놓인 수들은 **8**씩 커지거나 작아지는 규칙입니다.

5-1 ☀는 ○, ☾은 △, ☁은 □로 나타내는 규칙입니다.

5-2 두발자전거는 **2**, 세발자전거는 **3**으로 나타내는 규칙입니다.

5-3 •은 **1**, ⁚•은 **3**, ⁙는 **5**로 나타내는 규칙입니다.

4 단계 **실력 팍팍** 153~156쪽

1 (예) ●, ▲, ■ 모양의 물건이 반복되는 규칙입니다.

2 풀이 참조   **3** 7

4 □, 노란색

5 ▨, (예) 빨간색을 시계 방향으로 한 칸씩 돌아가면서 색칠하는 규칙입니다.

6 5

7 (예) ◢, ■, ◣를 반복하여 늘어놓은 규칙입니다.

8 풀이 참조   **9** 풀이 참조

10 풀이 참조   **11** 풀이 참조

12

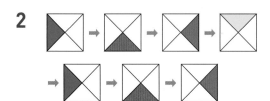

13 풀이 참조

14 77, 53

15 25   **16** ◢

17 49, 57, 58, 69   **18** 33, 40, 47, 54

19 (1) 47   (2) 60

20 6, 9, 13, 10   **21** 풀이 참조

22 15   **23** 풀이 참조

24 5

2

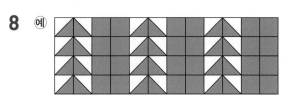

초록색, 빨간색, 파란색, 노란색을 시계 반대 방향으로 한 칸씩 옮겨가며 색칠하는 규칙입니다.

3 펼친 손가락이 **2**개 - **2**개 - **5**개가 반복되는 규칙이므로 ○에는 손가락 **5**개, □에는 손가락 **2**개로 모두 **7**개입니다.

4 (모양) ○, △, □ 모양이 반복되는 규칙입니다.
(색깔) 빨간색, 노란색이 반복되는 규칙입니다.
따라서 빈칸에 들어갈 알맞은 모양은 □ 모양입니다.

6 □, ▲, ●가 반복되는 규칙입니다.
3개씩 묶어보면 **3+3+3+3+3=15**이므로 **15**번째까지는 **3**개씩 **5**묶음이고 묶음마다 ●가 **1**개씩 있으므로 ● 모양은 모두 **5**번 나옵니다.

8 (예)

(도형 예시)

9 ㉮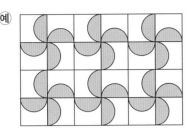

◖ 를 시계 방향 또는 시계 반대 방향으로 한 칸 씩 돌아가면서 색칠하여 무늬를 꾸몄습니다.

10 ㉮

11 ㉮

13

3	2	1	0	3	2	1	0	3
2	1	0	3	2	1	0	3	2
1	0	3	2	1	0	3	2	1
0	3	2	1	0	3	2	1	0

빨간색, 노란색, 초록색, 파란색을 각각 **3, 2, 1, 0** 으로 나타냅니다.

14 **83**부터 **6**씩 작아지는 규칙입니다. 규칙에 따라 **83** 부터 수를 차례로 쓰면 **83, 77, 71, 65, 59, 53** 이므로 빈 곳에 알맞은 수는 **77, 53**입니다.

15

★		㉠			
	35				
	43		45		
57	58			62		64

오른쪽으로 한 칸 갈수록 수들은 **1**씩, 아래쪽으로 한 칸 갈수록 수들은 **8**씩 커집니다. 따라서 ㉠에 알맞 은 수는 **35**보다 **8** 작은 수인 **27**이고, ★에 알맞은 수는 **27**보다 **2** 작은 수인 **25**입니다.

16 ◣, ○, ▯, ◺ 모양이 반복되므로 **13**번째 모양 은 ◣ 입니다.

17   → **1**씩 커집니다.

10 씩 커 집 니 다 . ↓	47		㉠49	
	㉡57	㉢58	59	
	67	68	㉣69	70

· **47—48—49**이므로 ㉠=**49**입니다.
· **48—58—68**이므로 ㉢=**58**입니다.
· **57—58—59**이므로 ㉡=**57**입니다.
· **67—68—69—70**이므로 ㉣=**69**입니다.

18 분홍색으로 색칠한 칸에 들어가는 수들은 **60, 67, 74, 81**이므로 **7**씩 커지는 규칙입니다.

19 (1)은 **8**씩 커지는 규칙이 있고, (2)는 **6**씩 작아지는 규칙이 있습니다.

20 양쪽의 수의 합은 가운데 수를 두 번 더한 수와 같습니다.

21 ㉮ ⟨21⟩—⟨22⟩—⟨24⟩—⟨27⟩—⟨31⟩

규칙 처음 수부터 **1, 2, 3, 4, ……**씩 커지는 규칙입니다.

㉮ ⟨21⟩—⟨23⟩—⟨25⟩—⟨27⟩—⟨29⟩

규칙 처음 수부터 **2**씩 커지는 규칙입니다.

22 **1, 10, 11, 12, 13, 14, 15, 16, 17, 18, 19, 21, 31, 41 ➡ 15번**

23 스 크 린

	2	3	4			8
	10	11	12			16
	18	19	20			
				30		
				○	○	

오른쪽으로는 1씩 커지고 뒤쪽으로는 8씩 커지는 규칙이 있습니다. 30−38−46이므로 46번 좌석은 30번 좌석에서 뒤쪽으로 두 칸 뒤에 있습니다.

24 ▲ ■ ■ ▲ ■ ■ ▲ ■ ■

서술 유형 익히기
157~158쪽

유형 1
3, 39, 3, 42, 42

예제 1
풀이 참조, 72

유형 2
6, 6, 62, 68, 74, 74, 74

예제 2
풀이 참조, 74

---

1 늘어놓은 수 카드에서 수들은 4씩 커지는 규칙이 있습니다. − ①
따라서 맨 마지막에 놓일 카드의 수는 68보다 4 큰 수인 72입니다. − ②

평가기준	배점
① 규칙을 바르게 설명한 경우	2점
② 규칙에 따라 맨 마지막에 놓일 카드의 수를 구한 경우	2점
③ 답을 바르게 구한 경우	1점

2 위쪽으로 올라가거나 아래쪽으로 내려갈수록 수들은 7씩 커지거나 작아집니다. − ①
53부터 7씩 커지는 수들을 써 보면
53−60−67−74입니다.
따라서 ★에 알맞은 수는 74입니다. − ②

평가기준	배점
① 수들의 규칙을 바르게 설명한 경우	2점
② ★에 알맞은 수를 바르게 구한 경우	2점
③ 답을 바르게 구한 경우	1점

놀이 수학
159쪽

1 (예) ↙ 화살표 : 2씩 커지는 규칙입니다,
↘ 화살표 : 8씩 커지는 규칙입니다.

2 62   **3** 68

---

1 파란색 화살표를 따라 놓인 수들은 50, 52, 54이므로 2씩 커지는 규칙입니다.
빨간색 화살표를 따라 놓인 수들은 50, 58, 66, 74이므로 8씩 커지는 규칙입니다.

2 ●는 52에서 빨간색 화살표를 1번 따라간 다음, 파란색 화살표를 1번 따라가면 나오는 수입니다.
따라서 52에서 8씩 1번 뛰어 센 다음, 2씩 1번 뛰어 세면 52−60−62이므로 ●는 62입니다.

3 ★은 58에서 파란색 화살표를 1번 따라간 다음, 빨간색 화살표를 1번 따라가면 나오는 수입니다.
따라서 58에서 2씩 1번 뛰어 센 다음, 8씩 1번 뛰어 세면 58−60−68이므로 ★은 68입니다.

단원 평가
160~163쪽

1 ⬭●▲●▲●▲●▲●▲

2 ●   **3** 노란색

4 (원그래프)   **5** 풀이 참조

         6 야구공

7 ㉢

8 풀이 참조   **9** (예)

10 27, 30   **11** 76, 85

12 70, 76, 82   **13** 8, 10

14 4, 0   **15** 36

16 예 7씩 커지는 규칙입니다.

17 63   **18** 63, 79, 87

19 68, 72   **20** 풀이 참조

21 풀이 참조   **22** 풀이 참조

23 풀이 참조,   **24** 풀이 참조

25 풀이 참조, 83, 91, 95

---

2 ●, △, ■가 반복되므로 빈칸에 들어갈 알맞은 모
양은 ●입니다.

3 파란색, 노란색, 노란색, 빨간색이 반복되므로 빈칸
에는 노란색을 색칠해야 합니다.

4 파란색—빨간색—노란색이 시계 반대 방향으로 돌
면서 색칠되는 규칙이 있습니다.

5

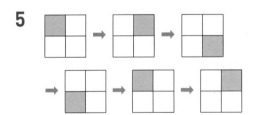

6 야구공, 주사위가 반복되는 규칙입니다.
따라서 □ 안에는 야구공을 놓아야 합니다.

7 ●, ■, ■, △ 모양이 반복되는 규칙이므로 □ 안에
는 ● 모양을 놓아야 합니다.
㉠ ■ 모양, ㉡ △ 모양, ㉢ ● 모양이므로 □ 안에
들어갈 알맞은 모양의 물건은 ㉢입니다.

8

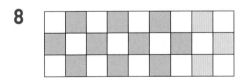

10 3씩 커지는 규칙입니다.

11 9씩 커지는 규칙입니다.

13 왼쪽 수와 오른쪽 수의 합이 가운데 수입니다.

14 ○, △, □와 0, 3, 4가 반복되는 규칙입니다.

15 56부터 4씩 작아지는 규칙입니다.
➡ 56−52−48−44−40−36
따라서 ㉠에 알맞은 수는 36입니다.

16 43−50−57−64에서 43부터 7씩 커지는 규칙
이 있습니다.

17 분홍색으로 색칠되어 있는 칸의 수들은 7씩 커지거
나 작아지는 규칙이므로 42, 49, 56, 63에서 ♥
에 알맞은 수는 63입니다.

18 8씩 커지는 규칙이므로 55보다 8 큰 수는 63, 71
보다 8 큰 수는 79, 79보다 8 큰 수는 87입니다.

19

52			56
		60	
64			68
		72	

오른쪽, 왼쪽에 놓인 수들은 1씩 커지거나 작아지고,
위아래에 놓인 수들은 6씩 커지거나 작아지는 규칙이
있습니다.

20

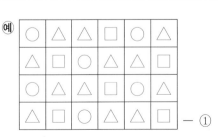

| 2 | 4 | 6 | 2 | 4 | 6 |

21

□	△	○	□	△
○	□	△	○	□

초록색은 □로, 노란색은 △로, 빨간색은 ○로 나타
내는 규칙입니다.

서술형

22 예

○	△	△	□	○	△
△	□	○	△	△	□
○	△	△	□	○	△
△	□	○	△	△	□

— ①

규칙 예 ○, △, △, □ 모양이 반복되는 규칙으로
무늬를 꾸몄습니다. — ②

평가기준	배점
① 규칙에 따라 무늬를 꾸민 경우	3점
② 규칙을 바르게 설명한 경우	2점

23 ★이 시계 방향으로 **2**칸씩 이동하는 규칙입니다. —①

따라서 □ 안에 들어갈 알맞은 그림은 입니다.
—②

평가기준	배점
① 규칙을 바르게 설명한 경우	2점
② □ 안에 들어갈 알맞은 그림을 그린 경우	3점

24

53	54	55	56	57	58	59	60
61	62	63	64	65	66	67	68
69	70	71	72	73	74	75	76
—①

규칙 **53**부터 시작하여 **3**씩 커지는 수에 색칠하였습니다. —②

평가기준	배점
① 규칙에 따라 바르게 색칠한 경우	3점
② 규칙을 바르게 설명한 경우	2점

25 **75**부터 **4**씩 커지는 규칙이 있습니다. —①
79보다 **4** 큰 수는 **83**이고, **87**보다 **4** 큰 수는 **91**,
91보다 **4** 큰 수는 **95**입니다. —②

평가기준	배점
① 규칙을 바르게 설명한 경우	2점
② □ 안에 들어갈 알맞은 수를 구한 경우	3점

2 예

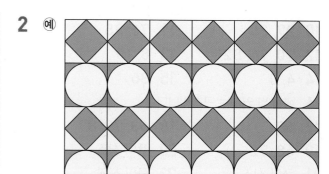

규칙 예 첫째 줄과 셋째 줄에는 무늬를 그려 넣었고 둘째 줄과 넷째 줄에는 무늬를 그려 넣었습니다.

🏠 생활 속의 수학   165~166쪽

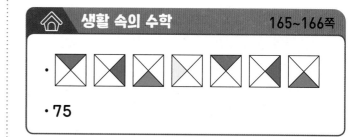

· 75

⊗ 탐구 수학   164쪽

1 풀이 참조	**2** 풀이 참조

1 예

1단계 개념 탄탄 — 168쪽

1 (1) 3 (2) 9
(3) 39

2단계 핵심 쏙쏙 — 169쪽

1 24 **2** 38
3 (1) 6, 46 (2) 8, 58
4 (1) 29 (2) 49
(3) 67 (4) 78
5 58 **6** ✕
7 25+4=29, 29

1 10개씩 묶음 2개와 낱개 4개이므로 24입니다.

2 10개씩 묶음 3개와 낱개 8개이므로 38입니다.

4 (1) 23+6=29 (2) 41+8=49
(3) 5+62=67 (4) 2+76=78

5 50+8=58

6
```
   5 2        3 3
 +   3      +   6
   5 5        3 9
```

1단계 개념 탄탄 — 170쪽

1 (1) 4 (2) 6
(3) 46

2단계 핵심 쏙쏙 — 171쪽

1 50 **2** 56
3 (1) 7, 87 (2) 8, 68
4 (1) 58 (2) 79
(3) 47 (4) 59
5 70 **6** 75
7 16+23=39, 39

1 10개씩 묶음이 5개이므로 50입니다.

2 10개씩 묶음이 5개, 낱개가 6개이므로 56입니다.

4 (1) 36+22=58 (2) 52+27=79
(3) 15+32=47 (4) 46+13=59

5 30+40=70

6 51+24=75

3단계 유형 콕콕 — 172~175쪽

1-1 4, 44 **1-2** 32, 39
1-3 (1) 33 (2) 79
(3) 48 (4) 58
1-4 63, 67, 69 **1-5** ㄹ
1-6 84 **1-7** 49
1-8 63, 69 **1-9** ( )(○)
1-10 29 **1-11** 28
2-1 30, 50 **2-2** 21, 33
2-3 (1) 90 (2) 70
(3) 90 (4) 60
2-4 (1) 79 (2) 65
(3) 87 (4) 69

2-5 (1) 70   (2) 79

2-6

2-7 80

2-8 83, 69, 88, 64

2-9 26, 63   **2-10** ⑤

2-11 90   **2-12** 60

2-13 79   **2-14** 53

2-15 14, 55   **2-16** 41, 61

2-17 1, 5, 1, 4, 2, 9

2-18 예 14, 13, 37 ; 23, 15, 38 ; 14, 15, 29

1-1 십 모형 4개와 낱개 모형 4개이므로
$40+4=44$입니다.

1-2 십 모형 3개와 낱개 모형 9개이므로 $7+32=39$
입니다.

1-4 $60+3=63$, $60+7=67$, $60+9=69$

1-5 ㉣ $7+30=37$

1-6 $80+4=84$

1-7 $42+7=49$

1-8 $61+2=63$, $63+6=69$

1-9 $65+4=69$, $1+73=74$
➡ $69<74$

1-10 (운동장에 있는 학생 수)
= (남학생 수)+(여학생 수)
= $20+9=29$(명)

1-11 (가영이의 동화책 수)
= (처음 가지고 있던 동화책 수)
+(생일 선물로 받은 동화책 수)
= $23+5=28$(권)

2-1 십 모형이 모두 5개이므로 $20+30=50$입니다.

2-2 십 모형 3개, 낱개 모형 3개이므로
$12+21=33$입니다.

2-5 (1) $20+50=70$
(2) $47+32=79$

2-6 ・$20+30=50$ ・$50+30=80$
・$60+10=70$ ・$10+40=50$
・$40+40=80$ ・$20+50=70$

2-7 10개씩 묶음의 수를 비교하면 $2<3<4<6$이므로 가장 큰 수는 60이고 가장 작은 수는 20입니다.
➡ $60+20=80$

2-8 $72+11=83$, $16+53=69$, $72+16=88$, $11+53=64$

2-9 10개씩 묶음의 수끼리의 합이 8, 낱개의 수끼리의 합이 9가 되는 두 수를 찾습니다.
➡ $26+63=89$

2-10 ① $25+53=78$ ② $34+44=78$
③ $12+66=78$ ④ $51+27=78$
⑤ $35+42=77$

2-11 (어제와 오늘 줄넘기를 한 횟수)
= (어제 한 횟수)+(오늘 한 횟수)
= $20+70=90$(번)

2-12 두 상자에 사탕이 30개씩 들어 있으므로 두 상자에 들어 있는 사탕은 모두 $30+30=60$(개)입니다.

2-13 $36+43=79$(장)

2-14 (9월과 10월에 모은 붙임 딱지의 수)
= (9월에 모은 붙임 딱지의 수)
+(10월에 모은 붙임 딱지의 수)
= $22+31=53$(장)

2-16 같은 모양에 적힌 수는 41과 20입니다.

2-17 같은 색깔에 적힌 수는 15와 14입니다.

$$\begin{array}{r} 1\,5 \\ +\ 1\,4 \\ \hline 2\,9 \end{array}$$

2-18 ・(분홍 색종이 수)+(노란 색종이 수)
= $14+23=37$(장)

- (노란 색종이 수)＋(초록 색종이 수)
  ＝23＋15＝38(장)
- (분홍 색종이 수)＋(초록 색종이 수)
  ＝14＋15＝29(장)

1단계 개념 탄탄 176쪽

1 (1) **2**　　　　　　(2) **2**
　 (3) **22**

2단계 핵심 쏙쏙 177쪽

1 21　　　　　　　　**2** 63
3 (1) 2, 92　　　　　(2) 1, 41
4 (1) 53　　　　　　(2) 64
　 (3) 82　　　　　　(4) 70
5 61　　　　　　　**6** 한별
7 18－4＝14, 14

2 십 모형 6개, 낱개 모형 3개가 남았으므로
68－5＝63입니다.

4 (1) 57－4＝53　(2) 68－4＝64
　 (3) 88－6＝82　(4) 75－5＝70

5 67－6＝61

6 세로로 계산할 때에는 10개씩 묶음의 수와 낱개의
수를 자리에 맞춰 쓴 다음, 낱개의 수끼리 빼서 낱개
의 자리에 쓰고 10개씩 묶음의 수는 그대로 내려씁
니다.

1단계 개념 탄탄 178쪽

1 (1) **2**　　　　　　(2) **3**
　 (3) **23**

2단계 핵심 쏙쏙 179쪽

1 40　　　　　　　　**2** 27
3 (1) 6, 36　　　　　(2) 2, 22
4 (1) 54　　　　　　(2) 50
　 (3) 41　　　　　　(4) 33
5 52　　　　　　　**6** 25, 16, 31, 22
7 35－20＝15, 15

1 십 모형 7개에서 십 모형 3개를 덜어내면 남는 십
모형이 4개이므로 70－30＝40입니다.

2 십 모형 2개, 낱개 모형 7개가 남았으므로
59－32＝27입니다.

4 (1) 68－14＝54　(2) 80－30＝50
　 (3) 75－34＝41　(4) 56－23＝33

5 72－20＝52

6 89－64＝25, 58－42＝16, 89－58＝31,
64－42＝22

1단계 개념 탄탄 180쪽

1 (예)

, 39 , 11

6단원 덧셈과 뺄셈 (3)

181쪽

2단계 핵심 쏙쏙

1

$$\begin{array}{r} 2\;5 \\ +\;1\;0 \\ \hline 3\;5 \end{array}$$

2

$$\begin{array}{r} 2\;5 \\ -\;1\;0 \\ \hline 1\;5 \end{array}$$

3 ㉖ 21, 38, 59 ; 38, 21, 17
4 ㉖ 3, 5, 2, 1, 5, 6 ; 56
5 3, 5, 2, 1, 1, 4 ; 14
6 $46-24=22$, 22

3단계 유형 콕콕

182~186쪽

3-1 42

3-2
$$\begin{array}{r} 3\;7 \\ -\;\;\;6 \\ \hline 3\;1 \end{array}$$

3-3 (1) 64　　　(2) 92
　　　(3) 82　　　(4) 51

3-4 23

3-5 ✕

3-6 51

3-7
$$\begin{array}{r} 8\;7 \\ -\;\;\;3 \\ \hline 8\;4 \end{array}$$

3-8 65, 3, 62
3-9 6
3-10 26, 5, 21　　　**3-11** 25
3-12 (　)(○)(　)
　　　(○)(　)(　)
4-1 20, 23　　　**4-2** 25, 33
4-3 (1) 35　　　(2) 14
　　　(3) 82　　　(4) 30
4-4 >　　　**4-5** 28
4-6 59　　　**4-7** 24
4-8 53　　　**4-9** 23
4-10 32　　　**4-11** 27, 10, 17 ; 17

4-12 39, 12, 27 ; 27　　**4-13** ✕
5-1 ㉖ 32, 10, 42 ; 42
5-2 32, 10, 22 ; 22
5-3 ㉖ $47+21=68$, $47-21=26$
5-4 58　　　　**5-5** $12+26=38$, 38
5-6 $26-12=14$, 14　　**5-7** 78

3-2 십 모형 3개, 낱개 모형 1개가 남았으므로
　　　$37-6=31$입니다.

3-4 $29-6=23$

3-5 $56-5=51$, $97-4=93$, $37-3=34$,
　　　$99-6=93$, $58-7=51$, $38-4=34$

3-6 (남은 색종이의 수)
　　　=(처음에 가지고 있던 색종이의 수)
　　　　−(종이학을 접는 데 사용한 색종이의 수)
　　　=$55-4=51$(장)

3-7 자리를 잘못 맞춰 계산하였습니다.
　　　(몇십몇)−(몇)의 세로셈은 낱개의 수끼리 자리를
　　　맞춰 써야 합니다.

3-8 두 수의 차가 가장 크도록 하려면 가장 큰 수에서
　　　가장 작은 수를 빼야 합니다.
　　　➡ $65-3=62$

3-9 $85-2=83$이므로 $89-\square=83$에서
　　　$\square=6$입니다.

3-11 $29-4=25$(개)

3-12 두 수의 차가 $37-3=34$가 되는 뺄셈식은
　　　$38-4=34$, $35-1=34$입니다.

4-1 십 모형 2개, 낱개 모형 3개가 남았으므로
　　　$43-20=23$입니다.

4-2 십 모형 3개, 낱개 모형 3개가 남았으므로
　　　$58-25=33$입니다.

4-4 $60-10=50$, $70-30=40$

4-5
$$\begin{array}{r} 68 \\ -\ 40 \\ \hline 28 \end{array}$$

4-6 (남는 수수깡의 수)
＝(처음에 있던 수수깡의 수)
－(사용하는 수수깡의 수)
＝79－20＝59(개)

4-7 (여학생 수)＝(전체 학생 수)－(남학생 수)
＝56－32＝24(명)

4-8 가장 큰 수는 **86**, 가장 작은 수는 **33**이므로
두 수의 차는 **86－33＝53**입니다.

4-9 **89－67＝22, 67－45＝22**이므로
22씩 작아지는 규칙입니다.
따라서 ㉠＝**45－22＝23**입니다.

4-10 57－25＝32(쪽)

5-4 35＋23＝58(마리)

5-7 ・(은지가 가지고 있는 구슬 수)＝46－14＝32(개)
・(유승이와 은지가 가지고 있는 구슬 수의 합)
＝46＋32＝78(개)

4단계 실력 팍팍   187~190쪽

1 37	**2** 60, 90
3 ⑤⑨ ▢70 △56	
4 ⑩ 20＋53＝72, 34＋12＝46	

---

5 12, 24, 48   **6** ㉠, ㉡, ㉣, ㉢
7 3, 2   **8** 3, 8
9 45   **10** 50
11 풀이 참조
12 23, 22, 21, 20, 풀이 참조
13 ㉣   **14** 37, 22
15 6, 7, 8, 9   **16** 풀이 참조
17 (   )(○)
    (△)(   )
18 62
19 7, 3   **20** 50
21 ㉡, ㉢   **22** 12
23 52   **24** 13

1 (학급 문고에 있는 책의 수)
＝(처음에 있던 책의 수)＋(더 가져온 책의 수)
＝32＋5＝37(권)

2 40＋20＝60, 70＋20＝90

3 ・● 모양 : 7＋52＝59
・■ 모양 : 40＋30＝70
・▲ 모양 : 20＋36＝56

6 ㉠ 33＋6＝39   ㉡ 7＋31＝38
㉢ 34＋1＝35   ㉣ 32＋5＝37
➡ ㉠＞㉡＞㉣＞㉢

7
$$\begin{array}{r} ㉠\ 4 \\ -\ 5\ ㉡ \\ \hline 8\ 6 \end{array}$$
㉠＋5＝8 ➡ ㉠＝3
4＋㉡＝6 ➡ ㉡＝2

8 ㉡＝5＋3＝8
㉠＋2＝5 ➡ ㉠＝3

9 42＋7＝49이므로 4＋▢＝49입니다.
따라서 ▢＝45입니다.

10 예슬이가 접은 종이학은 20＋10＝30(개)이므로
가영이와 예슬이가 접은 종이학은 모두
20＋30＝50(개)입니다.

11
```
    6 5
  −   3
  ─────
    6 2
```
이유 낱개의 수는 낱개의 수끼리 빼야 하는데 10개씩 묶음의 수에서 뺐습니다.

12 ⑩ 빼는 수가 같을 때에는 빼지는 수가 1씩 작아질수록 계산 결과도 1씩 작아집니다.

13 ㉠ $84-21=63$ ㉡ $68-17=51$
㉢ $59-14=45$ ㉣ $97-33=64$

14 $30+7=37$, $37-15=22$

15 $69-3<□8$, $66<□8$
따라서 □ 안에 들어갈 수 있는 숫자는 6, 7, 8, 9 입니다.

16 ⑩

	21+3		55−15	
30+10	13+1	38−24	49−15	
	22+12	54−30		

- $21+3=24$
- $30+10=40$
- $13+1=14$
- $22+12=34$
- $55-15=40$
- $38-24=14$
- $49-15=34$
- $54-30=24$

17 $45+20=65$, $32+34=66$, $76-20=56$, $82-21=61$

18 $86>73>55>24$
가장 큰 수 : 86, 가장 작은 수 : 24
➡ $86-24=62$

19
```
   ㉠ 7
 −   5 ㉡
 ──────
   2 4
```
$7-㉡=4$ ➡ $㉡=3$
$㉠-5=2$ ➡ $㉠=7$

20 $59-44=15$이므로 $65-□=15$, $□=50$입니다.

21 ㉠ $42+35=77$ ㉡ $67-5=62$
㉢ $10+56=66$ ㉣ $90-30=60$

22 $23-11=12$(명)

23 ・(남는 사과의 수)$=40-10=30$(개)
・(남는 배의 수)$=28-6=22$(개)

따라서 남는 사과와 배는 모두 $30+22=52$(개)입니다.

24 초콜릿의 수는 $59-23=36$(개)입니다.
따라서 초콜릿은 사탕보다 $36-23=13$(개) 더 많습니다.

유형 1
60, 60, 40, 40

예제 1
풀이 참조, 50

유형 2
33, 33, 89, 89

예제 2
풀이 참조, 48

1 처음에 있던 사탕은 $40+40=80$(개)입니다. ─ ①
그중에서 30개를 먹는다면 남는 사탕은
$80-30=50$(개)입니다. ─ ②

평가기준	배점
① 처음에 있던 사탕의 수를 구한 경우	2점
② 남는 사탕의 수를 구한 경우	2점
③ 답을 구한 경우	1점

2 상자 안에 있는 파란색 구슬은 $36-24=12$(개)입니다. ─ ①
따라서 상자 안에 있는 빨간색 구슬과 파란색 구슬은 모두 $36+12=48$(개)입니다. ─ ②

평가기준	배점
① 파란색 구슬이 모두 몇 개인지 구한 경우	2점
② 빨간색 구슬과 파란색 구슬은 모두 몇 개인지 구한 경우	2점
③ 답을 구한 경우	1점

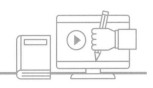

놀이 수학

193쪽

1 5, 29
2 3, 24
3 4, 27
4 동민

4 29＞27＞24이므로 놀이에서 이긴 사람은 동민이
입니다.

단원 평가

194~197 쪽

1 3, 47
2 20, 40
3 23, 12, 35
4 76
5 74, 32
6 35, 45
7 28, 28, 13
8 ⑴ 45
⑵ 32
9 예 36, 25, 11
10 지혜
11
12 ＞
13 ③
14 ④
15 52
16 52, 21
17 예 44＋15＝59, 예 15＋44＝59
18 78
19 40
20 9, 3
21 73
22 풀이 참조, 사과, 23
23 풀이 참조, 59
24 풀이 참조, ㉣
25 풀이 참조, 34

4
```
    2 0
  + 5 6
  ─────
    7 6
```

5 ・(두 수의 합)＝53＋21＝74
・(두 수의 차)＝53－21＝32

6 31＋4＝35, 35＋10＝45

10 55－20＝35이므로 계산을 잘못한 사람은 지혜입
니다.

11 53＋11＝64, 42＋25＝67, 20＋30＝50,
69－2＝67, 67－17＝50, 87－23＝64

12 42＋25＝67, 80－20＝60 ➡ 67＞60

13 ① 31 ② 31 ③ 34 ④ 31 ⑤ 31

14 ① 49 ② 51 ③ 52 ④ 54 ⑤ 50
49＜50＜51＜52＜54이므로 계산 결과가 가장
큰 것은 ④입니다.

15 가장 큰 수 : 59, 가장 작은 수 : 7
➡ 59－7＝52

16 낱개의 수끼리 뺀 것이 1, 10개씩 묶음의 수끼리 뺀
것이 3이 되는 두 수를 찾으면 52와 21입니다.
➡ 52－21＝31

17 두 수의 합은 나머지 수와 같아야 합니다. 가장 큰 수
인 59가 두 수의 합이 되도록 만듭니다.

18 42＋36＝78(개)

19 연필과 볼펜을 20자루씩 샀으므로 예슬이가 산 연
필과 볼펜은 모두 20＋20＝40(자루)입니다.

20
```
    9 ㉠
  - ㉡ 2
  ─────
    6 7
```
㉠－2＝7 ➡ ㉠＝9
9－㉡＝6 ➡ ㉡＝3

21 ・(남은 귤의 수)＝40－10＝30(개)
・(남은 키위의 수)＝68－25＝43(개)
따라서 남은 귤과 키위는 모두 30＋43＝73(개)입
니다.

서술형

22 57＞34이므로 사과가 참외보다 더 많습니다. －①
따라서 사과가 57－34＝23(개) 더 많습니다. －②

평가기준	배점
① 두 수의 크기를 비교한 경우	2점
② 어느 과일이 몇 개 더 많은지 구한 경우	2점
③ 답을 구한 경우	1점

🏠 **생활 속의 수학**　　199~200쪽

• 생략

23 가영이가 가지고 있는 구슬은 $36-13=23$(개)입니다. —①
따라서 두 사람이 가지고 있는 구슬은 모두
$36+23=59$(개)입니다. —②

평가기준	배점
① 가영이가 가지고 있는 구슬의 수를 구한 경우	2점
② 두 사람이 가지고 있는 구슬의 수를 구한 경우	2점
③ 답을 구한 경우	1점

24 ㉠ $43+6=49$, ㉡ $16+31=47$,
㉢ $58-5=53$, ㉣ $59-15=44$ —①
따라서 계산 결과가 **45**보다 작은 것은 ㉣입니다. —②

평가기준	배점
① ㉠, ㉡, ㉢, ㉣의 계산을 바르게 한 경우	2점
② 계산 결과가 45보다 작은 것을 찾은 경우	2점
③ 답을 구한 경우	1점

25 가장 큰 수는 **59**이고, 가장 작은 수는 **25**입니다. —①
따라서 가장 큰 수와 가장 작은 수의 차는
$59-25=34$입니다. —②

평가기준	배점
① 가장 큰 수와 가장 작은 수를 각각 구한 경우	2점
② 가장 큰 수와 가장 작은 수의 차를 구한 경우	2점
③ 답을 구한 경우	1점

🔵 **탐구 수학**　　198쪽

1 예 7, 12, 7, 12, 19　**2** 풀이 참조

2 예 나는 오늘 슈퍼마켓에서 사탕 **15**개와 초콜릿 **3**개를 샀습니다. 슈퍼마켓에서 산 사탕과 초콜릿은 모두 $15+3=18$(개)입니다.

정답과
풀이